本书使用指南

SET：优势利用度测评

优势利用度测试（SET）

SET作为一个测试工具，旨在精确测量你的职业优势的发挥程度。你的SET可为你提供你的"两大优势角色"，即与其他职场人士相比，你的优势发挥是怎样的。

参加 SET 测试方法：

➦ 在本书封面折页内侧找到 SET 的 ID 号。

➦ 登录 https://standout.tmbc.com，根据提示框一步步进行 SET 测试。届时屏幕上方会要求你输入 SET ID 号。

➦ 完成 SET 测试。

➦ 测试结束时你会收到一份个人 SET 报告。

如果你是一位经理，你就应该让整个团队成员进行 SET 测试，测试一下团队优势潜力的实际运用程度。为每位成员提供一本《现在，发现你的职业优势》。

→ 鉴于职业优势测试网站为英文网页,为了便于中国读者更好地完成有效测试,本书后配有使用指南供参考。

本书使用指南
USER'S GUIDE

如何打造优势主导的团队

案例分析：

假设你是一家大型零售连锁集团的高层领导人，下方图表上这些点代表了不同利润水平的连锁店，以及当地的经济潜力。看到这张图表时，有个问题一直困扰着你：为什么这些连锁店的业绩差距会这么大？尤其是其中两家店，它们的经济潜力相同（见箭头），但利润却是天差地别。两家店中相同水平的员工向同类社区的同类顾客出售同类产品，其中一家的业绩大大超出了另外一家。原因何在？是什么导致了这一差距？取得顶级业绩的团队与最差业绩的团队到底有何不同？

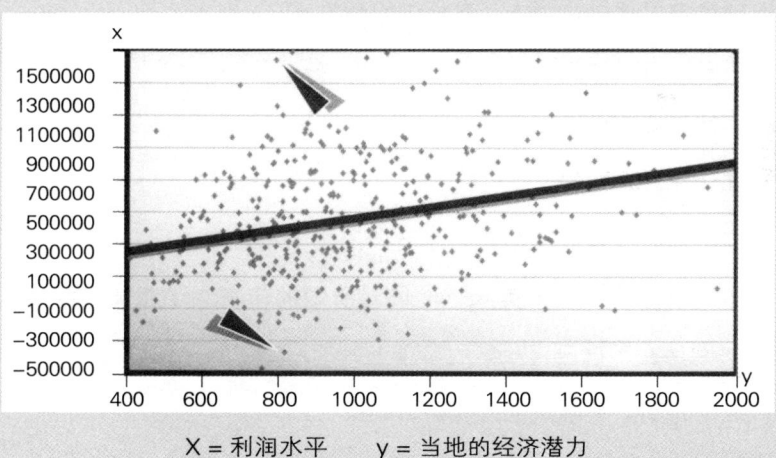

X = 利润水平　　y = 当地的经济潜力

航空公司总喜欢说这样一句话："在试着帮助身边的人之前，请先将你自己的氧气罩戴好。"道理是一样的。发现优势、发挥优势，这当然会使你的团队受益匪浅，但如果你自己都不知道如何对待自身优势的话，怎么去帮助别人呢？这样只会添乱。

所以，请先参照下面列举的第1步和第2步相应问题，展开讨论。

第1步　到底是什么在阻挡着你？

回想一下你的孩提时代。

从记事起，有没有一些积极向上的处事方式一直保持到现在？

这些年来，这些方式有何发展？

现在，你如何引导、关注这些优势？

你是否发现自己过于注重自己的弱势了？

对此你有何感想？

为什么会这么做？

谁让你这么做的？

你认为你应该这样做吗？

你认不认识这样一类人，他们对所做的事充满了激情，并把大量时间用在了自己喜欢做的事情上？

找个时间与其中两个人谈谈。

他们发挥自己优势的频率是多少？

他们是如何做到这一点的?

他们有没有觉得保持优势轨迹是件很困难的事?

他们是如何克服的?

第2步　你知道自己的优势是什么吗?

上周有哪些事是你非常期待要做的?

你一直都很期待做这些事吗?

为什么?

上周有没有做过自己很拿手的事?

你觉得很容易就能集中精力吗?

时间过得很快吗?

当时在做什么?

回过头看优势的四大标志。

你能看到什么吗?

上周哪些事让你觉得自己很强大?

你的优势是否成为你工作周的中心了呢?

备忘便笺使用方法

本书优势运动六个步骤中的第2步,提到了帮助发现自身优势的三段式。第一阶段要求你发现这一周中哪些事发挥了你的优势,而哪些事体现了你的弱势。

为帮助你发现这些事,在本书后面附有便于你记录下你的优势和弱势的卡片,我们将这个学习工具称作"备忘便笺"(可复印使用)。

➤ 下周,每天在灰边备忘卡上记录你"喜欢"做的事,在花边备忘卡上记录你"讨厌"做的事。

➤ 每张卡只写一件事。

➤ 有可能有些事你既不喜欢也不讨厌,对这些事你只保持中立态度。遇到这样的事无须担心,只须全力关注那些你真的喜欢或讨厌的事。

在这周周末,你要撕下已做记录的卡片。回到书中第2步,就如何利用这些卡片发现自身优势与弱势寻求详细指导。

备忘便笺样本:

我喜欢做这件事
我感到自己很强大,当……
我和大卫·琼斯的公司重新谈判下了四年的合同。

我很痛恨做这件事
我感到自己很弱势(吃力、无趣),当……
我不得不耐着性子听莎丽·约丹抱怨她店里那些不好用的设备。

本书使用指南
USER'S GUIDE

优势运动的六个步骤

| 第 1 步 | **打破误区**
到底是什么在阻挡着你? |

| 第 2 步 | **一探究竟**
你知道自己的优势是什么吗? |

| 第 3 步 | **充分发挥你的优势**
你如何充分利用你的优势? |

| 第 4 步 | **阻止你的弱势**
如何甩开你不喜欢做的事情? |

| 第 5 步 | **大声说出来**
如何创建优秀团队? |

| 第 6 步 | **养成牢固的习惯**
如何永远保持? |

目录
CONTENTS

本书使用指南 / 003

引言：引领优势运动 / 015
- ➡ 第一阶段：如何标识 / 015
- ➡ 第二阶段：如何实施 / 020
- ➡ 优势利用度测试 / 023
- ➡ 你比你想象中的要更接近 / 025
- ➡ 六步准则 / 030

第 1 步：打破误区 / 041
　　　　到底是什么在阻挡着你？
- ➡ 认识海蒂 / 042
- ➡ 三大误区 / 046

第 2 步：一探究竟 / 073
你知道自己的优势是什么吗？

- 优势的四大标志 / 078
- 你的优势是指那些让你感到自己很强大的事 / 086
- "兴趣有余、能力不足"的事又该当何论 / 089
- 谁是你的伯乐 / 090
- 发现、阐明、确认你的优势 / 091
- 海蒂弄清真相 / 112

第 3 步：充分发挥你的优势 / 117
你如何充分利用你的优势？

- 海蒂是如何变弱的 / 120
- 海蒂又是如何变强的 / 125
- 你的强势周计划 / 129
- 发挥优势的四大策略：你的FREE米访 / 132
- F代表"专注"（Focus）/ 133
- R代表"懂得放手"（Release）/ 136
- E代表"教育"（Education）/ 139
- E代表"拓展"（Expand）/ 143
- 问询朋友 / 147

第 4 步：阻止你的弱势 / 151
如何甩开你不喜欢做的事情？

- 你最大的弱势在哪里 / 152
- 发现、阐明、确认你的弱势 / 154
- 再次使用你的强势周计划 / 169
- 阻止弱势的四大战略 / 172
- 海蒂停止打电话 / 173
- 你的STOP战略 / 179
- S代表"停止"（Stop）/ 180
- T代表"合作"（Team）/ 183
- O代表"找出"（Offer Up）/ 186
- P代表"转换视角"（Perspective）/ 189

第 5 步：大声说出来 / 193
如何创建优秀团队？

- 你喜欢做的事情我却不喜欢 / 195
- 你在害怕什么 / 200
- 对话1：聊优势 / 202
- 对话2：我可以怎样帮助你 / 205
- 对话3：聊弱势 / 209
- 对话4：你可以怎么帮助我 / 213

- 给优势理念经理的建议 / 216
- 乔治娅的团队 / 221

第6步：养成牢固的习惯 / 231
如何永远保持？

- 优势发现之旅 / 232
- 养成牢固的习惯 / 234

尾声：表明你的立场 / 239

附录：优势测试使用说明 / 241

    备忘便笺 / 248

引言
引领优势运动

INTRODUCTION:
LEAD THIS MOVEMENT

第一阶段：如何标识

要追溯优势运动的起源实属不易。

有人将优势运动的起源追溯到彼得·德鲁克于1966年所著的《卓有成效的管理者》一书，他在书中写道："优秀的管理者以优势为基础——不管是自身的优势，还是上级、同事以及下属的优势，同时还以环境的优势为基础。"

另有些人则会引用1987年发表的一篇文章，该文提出了一种被称为肯定式询问的新理念。该理念的创始人大卫·考波瑞德认为该理念的基本准则就是"要基于优势而不是弱势来建设组织机构"。

还有些人则追溯到1999年马丁·塞利格曼博士在出任美国心

理学会主席时发表的一篇演说词。"我们学到最关键的一点就是心理学并不是完全成熟的,这是事实。"他说,"从精神疾病以及这些疾病的治疗方面来说,心理学是成熟的。但对优势(即我们擅长什么)的研究,心理学却无太多涉足,尚不成熟。"

近来,甚至还有人把优势运动的起源归结到《现在,发现你的优势》一书。在该书的一开始有这么一句话:"我们写这本书的目的就是为了掀起一场革命,一场优势的革命。"

但不管真正的起源到底是什么,优势运动现在已经是势不可当。优势运动是一股强大的变革力量,在过去的几年时间里激励着我们不断前进。不管我们是来自商界、政界、教育界还是医学界,这股力量都在环绕着我们,并在我们面前展现出一个全新的世界。你现在可能还没觉察到这种变化——有些人被这股强流击倒,有些则眼睁睁地看着这股强流卷着自己前行。但不管我们是否意识到,这股力量确实已经带着我们往前跨出了一大步,而且一去不复返。这股力量已经彻底改变了我们对待自己、对待员工、对待学生以及对待孩子的想法。

看看你周围,你就会清楚地看到各种变化。

很多世界著名的公司,如富国银行、英特尔、百思买以及埃森哲等都宣布要把自身打造成真正以强势为基础的公司。丰田公司所有的新经理现在都必须参加一个为期三天的"优秀经理培训项目",该项目将教授他们如何挖掘下属的优势。而雅虎的所有新经理则需要做一个在线调查来测试他们的才能并确认他们最大的优势。

说完公司，我们再来看看那些非盈利性机构，如美国海岸警卫队、俄克拉荷马州浸信会、美国老龄协会，以及新西兰青少年发展部等，都在推行类似的强势基础项目和提案。

各大高等院校也受到了优势运动的影响。像世界著名的普林斯顿大学就在最近成立了自己的健康福利中心，致力于世界上的各项善举。令人惊讶的是，该中心一半以上的工作人员都是经济学家。而在哈佛大学，泰·大卫·本－萨哈开设的"正面心理学简介"是最受学生欢迎的课程。另外，阿扎萨太平洋大学也在教育家爱德华·"芯片"·安达教授的带领下建立起了自己的强势基础教育中心。

再仔细观察一下，你会发现优势运动所带来的更多变化。如果你的孩子恰巧是在密西根的英厄姆县犯了法，他就需要接受青少年司法强势评估。他需要回答一些以优势为基础的提问，如"过去这段时间你做了哪些好的改变？你是怎么做到的？"以及"你为摆脱这个困境所迈出的第一步是什么？谁会是第一个注意到这一步的人？"

如果你是精神病学方面的学生，学习如何治疗长时间忍受精神折磨的病人，你会被要求读一读查理斯·莱普于1997年发表的著作《强势模型》，该书运用各种案例展示如何"扩展病人好的方面"。

如果你是一个满怀雄心壮志的足球教练,美国职业足球大联盟很乐意为你提供一个名为"强势基础培训"的签约课程。通过这个课程的学习,你将会学到很多东西,比如说如何在孩子们做出某个很好的过人动作时,出示"绿牌"来引起他们对这个动作的注意,而不使用传统方法中的红牌或黄牌来警告和处罚他们。

现今,优势运动已经遍布各行各业:公司、公共服务、经济学、教育、宗教信仰、慈善——全都受到了影响。当然,社会上也存在优势运动的反对者,他们有一个共同的疑问就是"为什么",为什么会有那么多来自各行各业的人都看到了用优势基础视角看问题的巨大力量。

原因就是优势基础角度比别的任何角度都更为行之有效。**优势运动的核心理念就是成功并不是失败的对立面,因此对失败的研究并不能帮助我们学到什么成功的经验**。举个例子,如果你想知道在一场环境灾难之后不应该做什么,切尔诺贝利事故的处理就会很有启发作用。但如果你想知道该做什么,那了解切尔诺贝利事故就是在浪费时间了,只有像科罗拉多洛基场地的核工厂事件这样的成功事例才能告诉你该做些什么。

通过对感染艾滋病去世的人的研究,你可以了解艾滋病是如何破坏人的免疫系统的。但如果你对那一小部分艾滋病病毒携带者进行研究,你就会了解到另外一些事情,那就是人体是如何抵抗艾滋病病毒的。

传统古训告诉我们失败是成功之母，但优势运动却认为通过研究失败学到的只能是失败的特征。如果我们想要成功，就要学习了解成功的特征。

在这种理念的驱动下，优势运动的第一阶段——我们现在所处的阶段——就是标识出各事物的真实特性。因此，虽然在此之前世界银行都是按照诸如贫困、暴力、脆弱性等负面特性来对各国进行排序的，但现在也开始通过一系列的正面标识来衡量各国的整体福利水平，如社会技能、经济上的民族自决以及民风民俗的持久性等。

在心理学方面，过去也都倾向于用消极的词汇进行表述：神经质的，精神错乱的，精神分裂的，抑郁的。现今我们也加入了很多正面的描述来使之达到平衡。比如说，马丁·塞利格曼和他的同事克里斯·皮特森完成了一份"性格优势和特性"的列单，上面就包括诸如勇气、公正、超然和自我节制这样的特性。

类似的，《盖洛普优势识别器2.0》一书介绍了一种被称为优势识别器的盖洛普在线性格测试。该测试包含34个才能主题，如理念、排难、追求以及关联等。

我们对这些标识的渴求可以通过自2000年以来参与优势识别器测试的人数体现出来。参与该测试的总人数已经超过了1200万，这个数字每年还在增加，而且增长幅度也在增加。后一年参加测试的人数都要超过前一年。很显然，成千上万的人都认为我们有必要标识自己的真实特性。

第二阶段：如何实施

为了不浪费之前所做的标识，我们要进入优势运动的第二个阶段，即行动阶段。在这个阶段我们要学习如何超越之前的标识阶段，然后和现实世界进行接触，设法利用我们的优势来做出看得见的贡献，另外我们还要应付那些对我们的优势不以为然的人，或是那些不关心我们优势的人，又或是关心我们的优势但却不希望我们把注意力放在优势上的那些人。在这个阶段我们要往前迈出一步，把优势利用到我们的工作中去。

标识阶段的基础较为理论化：失败并不是成功之母。但行动阶段的前提就较为实用主义了：即一个人或一个机构要想成功就要靠扩展优势而不是简单地靠弥补弱势。

从公司层面来说，这个前提已经得到了广泛的传播，并得到了很好的执行。在吸收了18世纪经济学家大卫·李嘉图提出的经济理论的基础上，彼得·德鲁克写道："大多数极具竞争力的公司就像极具竞争力的国家一样，集中他们的优势抛弃他们的弱势。"吉姆·柯林斯在《从优秀到卓越》一书中也提出了同样的想法，他提出那些伟大的公司都把精力放在少数"世界上就他们能做得最好"的几件事情上。通过对优秀企业的研究，不管是从星巴克到雷克萨斯，从苹果到戴尔，从沃尔玛到百思买，你都能发现他们中的大部分都想方设法把这条建议付诸实践。

　　从个人层面来说，这种理念也得到了广泛的传播。《盖洛普优势识别器2.0》一书中提到了一个调查研究，当被问及公司员工是否每天都有机会利用自己的优势时，那些做出肯定回答的人中"50%的人所在的团队倾向于拥有更低的跳槽率,38%的人所在的团队倾向于拥有更高的工作效率，而44%的人所在的团队倾向于拥有更高的客户满意度。一段时间后，那些做出肯定回答的员工数目不断上升的团队，在工作效率、客户忠诚度以及员工保留率上都有很明显的提高"。

　　所有这些研究的结果很清楚地表明：虽然有众多方法可以促使人们做出更佳的表现——比如说挑选人才，清楚地交代期望，该表扬的时候就表扬，以及确定团队的使命——但最关键的方法就是让每个人都利用自身的优势。如果运用了这种方法，再加上有一个高产高效的团队就完美了。但如果不用这种方式，那不管你采取什么激励措施都不可能把整个团队调动起来，这永远都不可能是一个表现优异的团队。

　　当各类机构团体在说"我们的员工是我们最大的财富"时，他们是在对这些研究表示尊敬。他们的真实意思是"我们员工的优势是我们最大的财富"。员工的价值就在于他们的创造力、创新性以及良好的判断力。你把注意力集中在员工的优势上并不是为了取悦他们，而是为了让他们有更佳的表现。这些调查研究结果表明，不管是什么团队，不管是什么机构，也不管你什么时候做，事情都是这样。这也是为什么那些最优秀的机构团体都公开致力于向以优势为基础转型。

虽然这个理念得到了各方支持，但是各种迹象表明大部分人仍然不知道如何进行实际操作。我们可以看到可用的时间还有很多，有75%的时间是可以被用来做那些能够发挥我们优势的事情的。这些数据显示，我们中只有17%的人很好地利用了这75%的时间，只有这17%的人在大部分时间里都在发挥自身的优势。

本书将告诉你如何进行实际操作。你会学习如何不固步自封并自信地迈入第二阶段，学习辨识自身最大最有效的优势，并在现实世界中加以利用发挥。这是一本关于实践而不是理论的书，将教授你一个崭新的且力量强大的原则。学习这个原则并在每周实践这个原则，你很快就会发现自己变得可以掌控并且能完全释放自己的优势了。不管你的优势是否是潜在的，世界都将看到这些优势，而你的表现，你的职业生涯，以及你所做出的贡献的重大意义都将发生永久的改变。

本书要解决的问题是"你是不是属于能成功利用自身优势的那20%？如果不是，那你应该怎么做才能进入那20%？"

引言　引领优势运动
INTRODUCTION: LEAD THIS MOVEMENT

优势利用度测试

优势利用度测试，即SET。事实证明这个小调查是衡量个人或整个团队发挥优势程度的最佳方法。

本书封面折页内侧有一个账户密码。登录https://standout.tmbc.com，输入你的密码，就可以回答问题了。书后附有测试的使用指南供参考。开始你的测试，你可以马上看到你的两大优势角色。如下图：

从两大优势角色中你将了解到：你最大的优势是什么？如何在工作中取得立竿见影的效果？如何将你的业绩提升一个层次？如何成为一个成功的管理者？如何取得销售的成功……

优势利用度测试可以让你轻松找出自己的两大"核心优势"，揭示你能做出最出色成绩的方面。你可以凭借这两大核心优势，轻松超越他人。

如果你是一名经理，那你应该让你的整个团队都来做一下这个调查，测试一下你的团队在优势发挥上的程度。你和你的团队成员先输入书封面折页内侧的密码，然后进行这个SET测试，你就可以看到整个团队发挥优势的程度了。

你比你想象中的要更接近

传统古训告诉我们现实中的工作往往和理想中的工作相差甚远。全国范围内的劳动力调查对象被问及他们理想中的工作是什么时，60%的人回答"我现在在做的工作，再委任我更多的职责"或是"对我现在正在做的加以专业化之后的一系列工作"。只有31%的人回答说"另外一个工作"。

当被问及选择目前所从事工作的原因时，排第一位的回答就是"因为可以得到更多做自己喜欢做的事情的机会"。第二位才是"为了更多的钱"。

当被问及在工作中多久才能感受到一次情绪高涨的状态时——发挥优势的一个明显标志——51%的人回答"大概一周一次"。

当被问及在工作中多久才能出现一次废寝忘食的情况时——

发挥优势的又一显著标志——73%的人回答"大概一周一次"。

我们中有些人的现实工作和理想工作确实相差甚远——想当宇航员却做了会计，想当企业家却做了工程师——但大部分人差得还不是很远。我们中大多数人都曾听到过耳边有一个响亮的声音在竭力寻找那些至少可以让我们有机会一周发挥一次优势的工作。

因此我们要面对的挑战就是如何提高我们发挥自身优势的频率。优秀团队的成员每天75%以上的时间都能发挥自己的优势。我们要想达到这种水平也并不需要丢弃现在所从事的工作而去追寻理想中的完美工作，而且这种完美的工作也并不存在。孔子曾经说过："如果你找到了自己真正热爱的工作，那今后你就感觉不出自己是在工作了。"这句话是至理名言，但在这里却并不适用。不管我们有多么满足于现今所从事的工作，也没有哪个人会喜欢这个工作的所有方面。诸多事项中，有些是我们喜欢做的，有些还马马虎虎，但也有些是我们不喜欢做的，让我们感到枯燥乏味，精疲力竭。在这种情况下，死守着完美的"我们热爱的工作"就是不值得了。

相反，我们只需要知道如何做我们从事的工作，以及如何每周在工作中利用我们的优势——即使面对来自周遭环境的各种干扰。

为此，我们就需要掌握一个新的原则，这个原则可以让我们变得井井有条，并且把注意力集中在一系列能够带来增值效应的事情上。每周都把这个原则付诸实践，慢慢地我们就可以把我们工作中最好的方面转换成为我们最常做的方面。

请按以下步骤实施：首先，我们要对各项工作进行筛选，准确地找出其中哪些工作可以令我们精神百倍，而又有哪些工作会让我们精疲力竭。其次，当我们受到周围各种因素的干扰时，我们一定要牢牢把握住对自己工作时间的控制权，这样一来，一段时间之后我们就可以越来越多地做自己喜欢做的事情，而一旦那些我们不喜欢的事情阻碍到我们的工作时就可以狠狠地把它们推掉。再次，我们要学习如何向身边的同事解释我们正在做的事情，并说服他们心甘情愿地为我们提供帮助。最后，不管是换新老板、新工作还是新的公司领导，我们都要保持头脑清醒，有意识地避开我们的弱势而把注意力放在优势上。

简言之，我们要把典型的"拽拉式"工作方法转变成"推压式"工作方法。

"拽拉式"：别人告诉你应该做什么。你只需认真听，你要完成的目标也已经定好。你告诉自己要想取得成功获得奖励就只需要把时间集中到某几件能够真正帮助你实现目标的事情上去。因此，你是被既定目标拉着来挑选该做和不该做的事情。

而**"推压式"**工作方法却截然不同：在使用这种工作方法时，你是在辨识自己的优势和弱势的基础上承担相关工作职责的——正如你之后会看到的那样，在这方面没有谁能比你做得更好。当你把握自己的优势和弱势之后，你就有了一个明确的立足点。转换到实际工作中来,这就意味着你会把你身边的人和他们的目标推向你的优势而远离弱势。这些人——你的同事、你的顾客、你的上司——都是很优秀的人,对你有很高却也合适的期望,但他们不知道你的优势到底在哪里,不知道你在哪些方面的工作效率最高,在哪些事情上会想出最好的点子,会给自己设定极具挑战性的目标,会保持新鲜感和好奇心,又会在哪些工作中心甘情愿地去做出额外的努力,即使这些事情并不在你的职责范围之内。这些事情他们都不了解。

但你了解。所以,如果他们想看到你在工作中的这些特性,这时候你就要知道如何在每周赢取更多的机会来发挥自己的优势。要督促自己围绕优势做更多的训练,督促自己参与能发挥自身优势的团队或项目,督促自己和那些有某个共同优势,并比自己更擅长利用这个优势的同事相处。当然,要竭尽全力迅速避开那些涉及到你弱势的事情。

这并不是说你每天都要神气活现地投入工作,并要求只分配你干那些你喜欢做的事情。没有人愿意和这样的人共事。但你可以在每周的星期五晚上的晚些时候,或是周一清晨开始实施这项原则。这项原则以一个问题开始,"我如何确认比起上周来这周我又多发挥了一点我的优势",结果就是你学会以自己的优势为基础来开展工作。

如果你是一名经理,这种方法虽然听上去显得有些偏激,但难道这不正是你希望你的员工做的吗？你希望他们能迫使你开发他们的优势。为什么？因为你希望他们能时刻保持较高的工作效率和充沛的精力，希望他们富有创造力、富有想法，并且能够积极主动。从公司的角度来说，你也希望他们能对自己的工作表现和将来的发展负起责任来。

但问题是，作为经理，我们口上在说希望这样，但当自己的员工没有这么做时，你却又会经常感到困惑，但请不要责备他们。他们也想做出业绩，也想展示他们的才能，也想促使自己发挥自身的优势。他们确实是想迈出这一步，但他们面对的世界对他们优势的态度是时好时坏——当某个优势帮助完成某项工作时就持肯定态度，反之就持否定态度——因此他们根本不知道怎么办。

这本书会对这些人有所帮助，教授他们一个终身受益的**六步准则**来让他们在工作中充分发挥自己的优势。

当然，在你改变你的团队、你的同事、你的部门，甚至是你的整个机构团体前，你必须先改变你自己的工作表现。正如你在坐飞机时会听到的那样，先给自己带上氧气面罩再去帮助别人。所以，在你把这本书介绍给你的员工前，自己先阅读一下。学着掌握这个准则，按所要求的步骤实施，做一个能在工作中发挥自身优势的专家。

到那时候，再去教授别人。

六步准则

在这里,我们先简单地介绍一下构成六步准则的各个步骤。

第1步　打破误区

只有坚信利用优势是你应对竞争的最佳方式,你才能在工作中充分发挥自己的优势。许多机构团体现在都是这么做的,但大部分个人却不是。如果直截了当地问"找出弱势弥补弱势是取得最佳表现的最好方式吗?"87%的人回答不是"赞成"就是"非常赞成"。

如果你是属于这一部分人,那接下来的几个步骤你就会走得很辛苦。因此,在第1步里,你就要勇敢地跳出把众多人禁锢在这种弥补想法中的观点。

第2步　一探究竟

有了以优势为基础的思维模式后,你就可以进入第2步:找出你自己的优势和弱势。说到优势和弱势,我不是指列出一堆的性格标识。举个例子,克利夫顿优势识别器的测试结果说我最倾向于前瞻性和回顾性。前瞻性说明我喜欢预计未来,想象事物会变得更加美好;而回顾性则说明我只有在弄清楚导致某件事情发生的原因后才会感到安心。说得更确切一点,正因为我太"瞻前顾后",我会感觉自己常常迷失在当前的情境之中。

这些倾向让我和跟我打交道的人都感到很困惑,但说实话,前瞻性和回顾性都不是我的优势。它们只是我的两个性格特征,只是我对这个世界的一种看法和行为处世的方式。这些性格特征是我的优势的指路牌,但却不是我的优势。正如《盖洛普优势识别器2.0》一书中说的那样,我的优势在于那些我能保持"持久且接近完美的工作表现"的各项事物中。我的优势在于那些我能处理好并且强烈渴望的一件件具体的事情之中。

你的优势也是。如果你想进入那20%,如果你想成功地迫使自己把时间转移到自己的优势上去,你就必须学会如何跨越这些性格测试标识去找出构成你优势的那些具体的、现实世界中的活动。

第2步会告诉你具体的操作方法。你将学习你的优势是应该被界定为"你擅长的事情"还是"你喜欢做的事情",学习谁是你优势的最佳裁决者——是你还是你身边的人。但最重要的是,你将学习如何从你每周要面对的众多事情、各种职责以及诸多关系中筛选出你的优势和你的弱势所在。

第3步 充分发挥你的优势

当人们被问及他们无法在工作中发挥自身优势的原因时,大家的普遍反应都是一脸茫然。他们会说"在这个世界上我根本没有值得开心的事情",或者是"这就是'工作'",又或者是"我做的是那种发挥不了自身优势的工作",然后他们会跟其他工作,例如新闻类、演艺类或是教师类这样的工作做对比,大家都认为这些工作才可以发挥出自己的优势。

他们似乎很早就已经放弃了这样一种信念——工作就是人们用来发挥自身优势的地方。这就像一个钟摆在数年之后就会偏向另一个方向,一段时间之后人们就会怀疑自己的优势,并且会时刻牢记不能发挥自己的优势。

当然,事情也并不总是这样,对吧?你不可能总是离你的优势如此之远。当你还是小孩的时候,你并不会怀疑你的优势。你可能对这些优势没有特定的称呼——还可能根本就没把这些当成是优势——但你却会去聆听这些优势。你知道哪些事情会浪费你的时间,哪些情况会让你感到紧张,然后你把这些筛选出来。你知道想跟什么样的小孩一起玩,同样,你不但知道你喜欢哪些课程,也知道你想要什么样的老师来教授这些课程。这些事情你每天早晨起来就已经知道,而且也很确定。你会强烈地感受到你的渴望和热情,燃烧你心中那种单纯的信念,那就是这个世界会为你而等待,直到有一天你走出家门,或是走出家门在世界上留下属于你的独特的烙印。

这种感觉你一直持续到几岁?八岁?十岁?

但不知怎么的,在某个时候,你的这种孩童时清晰的思维却慢慢退却了,你开始更喜欢听从这个世界的召唤,而不是自己的想法了。世界的声音响亮有力，因此你使自己妥协来迎合这个世界的要求。你不得不上大学，学习你父母和老师建议你学习的东西。你不得不找一份工作，支付各种账单并偿付贷款。于是，你得到了这份工作，随之而来的就是工作描述、业绩评估以及一个职业的阶梯和众多的顾客——同时，还有一个管理着这一切的老板。在这些期待中，你的优势就变得即使不是毫不相关，至少也仅仅只是一种新鲜事物，只是在讨论你的表现，你的发展需求和职业生涯中才会偶尔涉及。

因此，当现在你被问及为什么没有成为那20%中的一员时，你环顾四周最后把责任归结在了这个世界身上，说："我怎么成的了呢？我的上司和同事每天要应付那么多事情，而这些事情中并没有让我有发挥自身优势的机会。"

你说的没错。工作中的大多数对话都不涉及你的优势。我们挑了美国劳动力大军中的一部分人作为代表进行调查，问道："当你和你的上司讨论你的工作表现时，讨论最多的是哪方面，优势还是弱势？"35%的人回答是弱势，40%的人回答是"我上司根本不和我谈论这方面的事情"，只有25%的人回答是优势。

是的，你的工作也许确实对你和你的优势充耳不闻。但那又怎么样？当你面对周遭世界对你的这种冷漠时，你有两种选择：要么就是妥协于这种生活，不管你有什么样的优势都会变得无关紧要；要么就是学会如何让你的优势得到发挥和利用。

第3步中，你会学到第二种选择的具体操作方式。你将学习各种不同的战略，手握两大工具来主动把优势利用到你的团队中去：一个工具是帮助你思考如何用你的优势帮助你的团队，另一个工具则是帮助你把这些想法付诸实践。

第4步　阻止你的弱势

如果你不知道如何回避那些你不喜欢做的事情，那即使你知道了如何发挥自身优势却也不可能持久。基于众多原因，这一点极具挑战性。第一，你需要运用大量的创造力来帮助你弄清楚如何停止那些你不喜欢做的事情，但却又不影响到整个工作的完成。

第二，即使你想出了一些好主意，但当你要付诸实践时却难免会觉得自己很自私或是有负罪感。我们这个世界向来崇尚那些默默承受、努力坚持的人，因此要停止我们的弱势就会感觉是在放弃或是逃避。

所以，你要鼓起勇气来实践第4步。在这一步中你将学到的恰恰跟第3步中的相反：减少你的弱势对整个团队的影响的最佳方法，以及如何形成想法和付诸实践的两大工具。

第5步　大声说出来

你最近一次跟别人谈起你的优势和弱势是什么时候？你们具体想说些什么？怎么说的？你得到你想得到的东西了吗？

在工作中，有两个场合最需要你进行关于优势弱势的对话：一个是在你和团队成员讨论如何分配工作任务时，另一个就是在和你的上司进行一对一的对话时。

虽然这两种场合情况各异，但其中你都在试图说明一点："听着，有些事情让我感到很有挑战性，很兴奋，但另外一些事情则让我感到无聊乏味。如果我能把更多的时间花在前一类事情上，那我将可以做出最大的贡献。你能帮助我吗？"

你不是在隐瞒事实，你不是在偷懒从而加重别人的负担，你也不是在逃避责任，你只是想让他们知道你的优势在哪里，在哪些方面你最值得信赖，在哪些方面你能做出最大的贡献，相反在哪些方面他们需要给你施加一点压力。你不想他们知道你这么做是因为你比较敏感需要一些特殊的关照，你只是想他们明白怎样能让你的能力得到最大程度的发挥。最理想的结果就是从这些谈话中对方能够意识到这些事情。

但这种理想结果却并不经常发生。

大多数人认为（你自己也可能认为）每个人对工作安排的看法都差不多。"好的"事情谁都愿意做，而"坏的"事情谁都不愿意做。你和同事的这种对话已经受到了这种潜在意识的影响，他们认为你是在挑好的事情，而把坏的事情偷偷摸摸地塞给他们。

不管怎样，很少可以在这种对话结束时，双方就已经清楚地知道对方各自的优势和弱势，并且知道应该如何才能相得益彰。

引言　引领优势运动
INTRODUCTION: LEAD THIS MOVEMENT

这种误解在和上司的一对一对话中显得更为严重。照理来说，你们应该就如何回避你的弱势，充分发挥自身优势交换意见。这需要双方都发挥同样的创造力，因为你不太可能马上就知道如何让你的工作变得适合你，甚至有时候有没有这样的可能性都是个问题。但在理想化的世界中，你至少是可以进行这样一次对话的。

然而，在现实世界中，你却做不到。你们都清楚还有一些别的工作事项在操控你们的谈话，所以虽然你们面对面地坐着，但在选择用词时都很细微谨慎。

你会想："我怎样才能做到在这次对话中得到最大的认可，但又不影响到薪水和机会呢？"

你会想："如果我说我擅长哪方面，她可能会抓住这一点顺势提高她对我的期望，或者她会给我加个标识，以后就会认为我只擅长这个方面，然后让我承担一些我不喜欢或不想要的附加责任。"

你会想："我不能向她承认我的弱势。她会认为我是在抱怨，又或者她会跟我说她也认为这些是我的弱势，所以在接下来的一年时间里我就要努力地来改善这些弱势。"

结果就是你本应该或本可以很坦率，但却没有这么做。相反，你只是旁敲侧击，但却不真正袒露你的优势和弱势，以及你如何能做出最大的贡献——讽刺的是，这些却是你和你的上司最想得到的。

如果你想保持最佳的工作表现，你就要先学会如何进行这种对话。你必须要精通这些客观描述你的优势和弱势的谈话技巧。

第5步中将告诉你具体的操作方法。

第6步　养成牢固的习惯

我们中的大部分人在我们的整个职业生涯中都会在某个时候成为这20%中的一员。也许是因为巧合，或是意愿的驱使，又或是遇上了一个好老板，我们发现自己大多数时候都在发挥自己的优势。而这种情况的持续会带来一种很特别的感觉：即使我们休息的时候都会期待去工作。而当我们在工作中时，又会觉得这种挑战正是我们期待的，在我们的工作范围之内却又有那么一点点超出范围，在我们的掌控之内却又不是事事顺心。而当我们离开时，我们却又感觉很充实，很满足，很有成就感。

然后就会出现一些变数。这种变数有时候很明显就是负面的，比如说一个讨厌的新老板，或是一次全公司范围的大裁员。有时候这种变数从表面上看是正面的——我们得到了升职机会，或是参与一个优秀项目团队的机会。而有时候这种变数又来得极其突然——我们被解雇了。又有些时候却是难以察觉——我们的客户在逐渐发展，对我们的要求也在逐渐发生变化。

正是这种变数让我们每周的工作都充斥着各种各样的事情。有些事情需要我们持续地发挥自身的优势，但有些却不是。如果我们不时刻保持谨慎，就会发现自己被这些事情所左右，这些事情占用了我们更多的时间，吸引了我们更多的注意力，而最后当我们醒悟过来时，却发现已经离自己的优势远去。

要想在整个职业生涯中都能持续发挥我们自身的优势，就必须保持头脑清醒。我们要养成正确的习惯，这样一来，日复一日年复一年，我们都能保持住，让自己更多地接触我们喜欢做的事情，而避开那些我们不喜欢做的事情。

第6步，也是最后一步，将告诉你如何做到这样。

以下就是你要学习的六个步骤：

第1步	**打破误区** 到底是什么在阻挡着你？
第2步	**一探究竟** 你知道自己的优势是什么吗？
第3步	**充分发挥你的优势** 你如何充分利用你的优势？
第4步	**阻止你的弱势** 如何甩开你不喜欢做的事情？
第5步	**大声说出来** 如何创建优秀团队？
第6步	**养成牢固的习惯** 如何永远保持？

在整本书中，我们都要求你立即把所学到的知识运用到实践中去。书中的这些步骤可以为你提供一个看待工作的角度，一些可以用来参照的理论，还有一些如何把理论付诸实践的小建议，但你还要对这些进行相应的调整。你要对它们进行尝试，用你真实工作中的事情来考验它们，然后把你的发现再反馈回到这本书里来。

事实上，以上这些步骤都是环环相扣的。第2步只有在你完成第1步的基础上才能发挥出最佳的效果，而第3步则又需要你先实践第2步中的各项活动，后面基本都是这样。

这些活动并不会让你脱离你的现实工作。你不用做角色扮演，也不用做理论上的练习。相反，我们要求你比以前更立足现实工作，不单单是因为你没有时间脱离工作，更重要的是因为你要以你现实中的工作作为原始材料来挖掘你的优势和弱势，来学习如何把你的时间从弱势上转移到优势中来。

你可以用六个星期来完成六个步骤的准则。每个步骤都要求你花费一周的时间来进行阅读、实践和学习，而且每个星期都要以前一个星期的成果为基础。我们不提倡你坐下来一口气读完这本书——你没有时间来实践书中提到的事情，所以你也就不可能学到你要学的东西。相反，我们提倡你每周读一个步骤，并在这一周中对相关活动进行实践。尽可能地不要偏离这个轨道，一步一步来，切忌操之过急。你只要坚持这种一周一步的频率进行阅读、实践、学习，你就能看到实际的成果。

保持这种频率，等完成整本书之后，你就知道如何就自身的优势表明立场，而且充分利用这些优势。你的工作表现会大有改进，更重要的是你将知道如何经受住职业生涯中的起起落落，而始终维持这种高水准的工作表现。

正如甘地所说的那样，让我们从自己的生活开始，做出我们在团队中期待已久的改变。

就让我们引领这次优势运动吧！

打破误区
BUST THE MYTHS
到底是什么在阻挡着你？

GO PUT YOUR STRENGTHS TO WORK ▶

认识海蒂

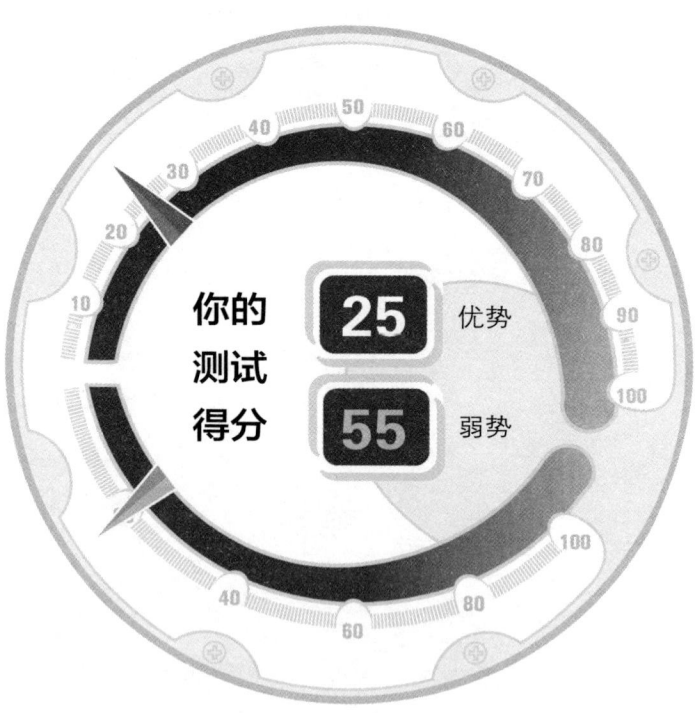

从上方你可以看到海蒂在开始"六周训练"前的测试分数（见107页优势测试表和167页弱势测试表）。你应该试着去了解海蒂，因为，尽管她是一个真实的个体，但是她的经历却能在每个人身上找到影子。

从表面上看，海蒂的情况并不起眼。她就职于一家大型、高效、不太张扬的公司，是一名默默无闻的中层管理人员。

再进一步看一下细节。她所在的公司，汉普顿宾馆（Hampton）尽管在餐饮业里属于中等偏下水平，但它的的确确是一家非常卓越的公司。公司旗下的1400家连锁宾馆堪称业内典范。当初Marriott（万豪国际酒店集团）与Courtyard、Fairfield Inn联手进军该行业时，其目标便是要赶超汉普顿宾馆。公司在运营方面非常成功，同时，它也一直遵守"顾客至上"的理念，提出了"汉普顿百分百满意度保证"——如果您不是百分之百的满意，我们不会让您付款。

在这么卓越的公司中，海蒂可绝非无名小卒，相反，她一直是汉普顿宾馆的高级品牌总监。她的工作就是要确保她所负责区域中的宾馆严格遵守汉普顿宾馆立下的品牌标准。海蒂任此职务已有八年时间了，用她顶头上司的话说，她可是精英中的精英：做事积极、追求卓越、顾客至上、精明老到，最重要的是，她一直是汉普顿品牌的忠诚拥护者。

但是从她的测试分数我们可以看出，她已经开始有点力不从心了。

这就是问题所在。海蒂是一个才华横溢、聪慧、雄心勃勃的人，她所任职的公司也希望能为每位顾客及其员工提供最佳服务与回报。然而，尽管出发点很好，她的管理方式却越来越脱离了她自身的优势。当然，这也是我们大多数人都会出现的问题。

海蒂搞不清楚这个问题是什么时候出现的，甚至也不清楚它为什么会出现，但最近，她的工作开始逐渐有了"工作"的味道了。慢慢地，海蒂对工作时间的控制逐渐减少。她每周都会列出一大堆要做的事，但总是有人或突如其来的事让她无法专心按计划做事。

她发现自己进了一个怪圈：不断给出了状况的宾馆总经理们打电话，让他们处理某个棘手的问题或签署必要的宾馆项目。她把这个称作"宾馆追击战"，每周，越来越多的时间被这一类事情所占据。事实上，这些经理们很少给她回话，即使电话打过来了，他们也很少能达到她的要求。此外，这些谈话通常都不太愉快。海蒂喜欢挑战她的下属，希望他们能执行自己的想法，并将业绩提升到一个新的高度，但实际上，这一点根本就做不到，甚至连边儿都沾不上。她不得不提醒他们一些最基本的事，哪些他们该做，哪些他们没做，询问他们为什么不去做，什么时候着手去做。她根本不想进行这些谈话，但又觉得她必须得这样做，她要是不做的话就更没人去做了，这样一来，汉普顿的品牌就会逐渐失去魅力。作为一个忠心耿耿的汉普顿人，她无法容忍此事，因此她不得不

打破误区
BUST THE MYTHS

继续这场"宾馆追击战"。

海蒂渐渐觉得自己身陷其中,她一直坚信自己的使命,但现在,这几周的工作让她越发沮丧:她要做的事一点没做完,其他一堆事情却让她焦头烂额、应接不暇。放眼未来,她觉得一切愈发失去创造力与活力,她的工作比以前更加的忙碌与低效。

她的职业瓶颈并非是戏剧性的突发事件。当她从宾馆高楼层房间里往外扔电视机,或是选择蹦极、与鲨鱼同泳等极端的体育运动来摆脱工作困扰时,她就应该意识到自己出状况了。工作上的种种问题已影响到了她的工作态度和私人生活。工作的分量已逐渐让位于那些必须要做但又让她沮丧、疲惫不堪的事情。她意识到,如果不采取一些根本性的措施,她的职业道路会逐步走下坡路的。

她心想:是不是自己不善于管理时间?又或者,八年时间让她对这个职位和眼前的职业现状已提不起兴趣了。或者她应该休息一段时间,又或者,她应该多花点时间和心思,努力走出这个瓶颈。

她茫然无措。尽管她可以不在乎自己的测试分数,但她很清楚,她无法自欺欺人。她心想,"必须得有所改变了。"虽然想法还有些模糊,但信念却异常坚定。

海蒂将成为贯穿本书的主线,我们会呈现海蒂努力重回"优势轨道"上的全过程。我们将看到海蒂是如何成功地把微弱的信念——"六周训练"——转变为实际行动,并引领她朝着大家梦寐以求的工作迈进——可以让我们竭其能、尽其才地工作,可以让我们不断成长与进步地工作。

三大误区

在踏上这一旅途前,你先要考虑一下这些可能性:到底是什么阻挡了你的精英之路?是经理对你的想法不予理睬,还是公司对你有偏见?又或者是现在的工作不允许你有进一步的发展与提升?尽管上述种种客观环境或多或少都会有一定的影响,但要仔细想一下到底哪一个原因的可能性更大。

在考虑这些可能性的同时别忘了这一条:阻止你进步的有可能就是你坚信不疑的事,也就是说,止步不前的原因就出在你自己身上。多年来你逐渐形成了一些信念,而这些信念现在在你心中深深地扎了根,这样一来,无论你有了什么新的心得,你所处的环境对你多么有利,你都无法充分发挥你的优势。你的问题不在于你不懂得怎么去做,或者是有人不让你这样去做,而在于,你自己根本连试都不曾试过。

2001年,《现在,发现你的优势》(*Now, Discover Your Strengths*)一书中引用了下述调查:先是激励人们塑造自身优势,之后让他们在"塑造优势"与"修正不足"两者间做出选择,此时,仅有

41%的美国人选择"塑造优势"作为成功的关键。该调查还表明,与美国相比,其他国家选择"塑造优势"的比例更低。比如,在英国和加拿大,仅有38%的人相信优势会促进自身的成功;而在日本和中国,这一比例跌至24%。

2006年,我们公司又问出了同样的问题,旨在调查期待已久的优势革命到底有何进展,调查得出的数据与此前一模一样。当问及"哪一点更有助于你走向成功,是塑造优势还是修正不足",41%的受访者选择了前者,而59%的人则选择了后者。数据丝毫没有变化。事实上,整个数据与此前的调查极为类似,以至于我们的第一反应就是我们在调查时不小心使用了以前的文档,看到的仍是六年前的结果。

事实当然并非如此。所有的文件都是最新的,数据也不可能出问题。我们让受访者在"塑造优势"与"修正不足"两者间做出选择,当然,这两点都很重要,但是如果二者只能选其一的话,即使只是稍微偏向于其一项,你会怎么选?我们发现,大多数受访者选择了"修正不足"作为促进他们成功和职业发展的关键因素。

为什么?为什么会有这么多人选择后者?

我知道大家肯定都有自己的理由:学校一向是这么教育我们的;我们更注重自身的不足,这些不足是我们自身最薄弱的环节,如果这些环节出了问题,那我们就会失败;此外,修正不足比塑造优势可容易多了。

我的想法就是，这么多年来，我们大多数人逐渐走入了几个误区，严格地说是三个，即：父母告诉我们的是对的，老师反复强调的是对的，经理说的也是对的。这些误区已先入为主，根深蒂固，就像一双无形的手在左右着我们，成为了我们的核心假设，并且我们还会非常开心地把它们传达给我们的孩子、学生、员工。

我不知道你是否认为自己是41%（相信自己优势的人）或59%（努力改进自己不足的人）里的人，无论你选择哪个，仔细琢磨一下为什么这些误区会对大多数人有这么大的吸引力。评估这些误区对你及你周围人的生活所产生的影响时，要尽量做到客观。有数据表明，在一屋10人中，至少有6人相信这"三大误区"是对的。如果你持的是相反意见的话，那就得好好想想怎么说服别人去亲眼见识一下"利用自身优势"的与众不同之处。

为了帮助你走出误区，也为了找出一个好办法帮助你的朋友或同事们一起走出误区，这有三个问题值得一看。每看完一个误区最好能拿笔写下你的答案。之后，等你试着劝服别人的时候就可以拿这三个问题做开场了。

1. 这些误区对你有什么帮助？ 这些误区之所以能完全扎根于我们的生活，这中间肯定是有原因的。只有弄清了它们的实际效用，我们才能找到破除的办法。

2. 不再相信这些误区要付出什么代价？ 既然这些误区对我们有所帮助，那么不再相信这些误区的话肯定需要舍弃一些东西。

而这些舍弃之物应该是非常珍贵的，否则也就没那么难走出这些误区了。在考虑改变信念会带来什么收获之前，我们首先要老实承认自己会损失些什么。

3. 那么相信真相会为你带来什么好处？这是关键环节。我们的回答要极具说服力才行。如果能清楚知道"发挥优势创造生活"能带来什么好处，接下来我们就会毫不犹豫地为之奋斗下去的。

在此，我们先看一下第一个误区。

误区 1 在成长过程中，你的个性会不断改变。

66%的人认为上述观点是正确的。从表面看，这似乎已成为一种常识，你想不信都难。"在成长的过程中，人总要有所变化的。我学到了新技能；我从经验中吸取到了教训；我看待自己周围世界的视角更为开阔；我的自我意识更加强烈；人也变得更加自信、稳重、睿智、成熟；我去掉了很多孩子气，现在已经是一个大人了。"

这一误区已深深融入了我们的文化，以至于在复述查尔斯·狄更斯所写的关于贫穷的老斯克鲁奇（Scrooge）的《圣诞颂歌》时，我们实际上是从文学角度将它进一步虚构和神化了。我们喜欢那些讲述人如何由坏变好的故事，故事的主人公起初脾气暴躁，不受人欢迎，但到最后，通过"自我改造"，他成了社区里最友好、最慷慨的人；又或者，一开始他太过自负，最终醒悟过来，变得有自知之明了。对这类故事的喜欢源于我们自身的不安定感。我们之所以偏爱这些故事，是因为它们让我们坚信，只要我们抓住缺点不断改进，我们也能提升自我，达到自己的最完美状态。

但故事就是故事，这只是虚构的作品，不是事实。

而事实是，在你的成长过程中，你还是你，不会变成另外一个人。你的个性并未改变。真相如下：

> **真相** 在你成长的过程中，你的个性不会改变，你还是你。

你是否听说过"基本归因错误"？这听起来有点恐怖，像是电视剧《星际旅行》中史考特警告柯克船长的事，简单地说，指的是一种趋向，即，我们会将某个人的行为举止归因于他稳定、潜在的个性，而不是他所处情势的需要。

在现实生活中，要想了解别人潜在的个性，不仅要观察一个人的行为举止，而且，一旦发现这些体现个性的行为，不管何时、何种情势下都要坚信他的潜在个性会保持不变。我们要相信"个性"这回事，也要相信，每个人的个性会稳定不变。

为什么呢？强烈的直觉在推动我们这么去做，即使我们被告知不要这么做，但结果还是一样，我们仍然会这么去做。这种直觉，这种强烈的需要存在一定的价值。当然，这有可能会带我们走弯路，但它如此盛行、如此强大，大多数时候甚至还称得上是不错的策略。一千年来，我们的祖先里，那些个性保持一致、稳定的人更有可能生存下来，其基因更可能遗传下来。从自然选择的角度看，这算是一个进化策略,而且这个策略是行之有效的。

个性测试肯定了这一点。大多数人相信在长大的过程中人是会变的,但如果我们事隔多年后再做一次测试的话,两次的结果基本相同。虽然不是100%一样,但是,如果关联值满分是1.0的话,第二次个性测试的结果就在0.7～0.9之间。比如说,如果我们与优势识别器一起做测试,前后两次测试的关联值在0.75左右——这一结果非常接近了(有时某个人所拥有的五项最棒的才能中有一项可能会有所改变,但他潜在的个性仍不会改变)。

而对分隔两地的双胞胎进行的个性测试则更是让人大跌眼镜。这些测试的结果表明,尽管分别在不同的家庭、文化和国家中长大,他们的个性却是惊人的相似——其关联值达到了0.7以上。随着他们长大成人,其性格曲线进一步变化,越来越向对方看齐。

尽管这项研究很有说服力,但对我们而言实用性并不强。我们很多人都有孩子,孩子们就是活生生的例子,从他们身上我们就能发现这一结果。我的儿子杰克逊今年5岁了,我对他的个性也有了一定的了解。比如我知道杰克的个性非常要强,充满竞争细胞。但他这种个性和大多数孩子有所不同,他们对于胜败只是有个模糊的概念,而杰克对胜败的感觉特别强烈,他痛恨失败。如果在电视上看他最喜欢的球队踢比赛,如果球队开始有输的迹象了,他在屋里可马上就呆不下去了。他立刻跑到另一个房间,把脸埋到沙发垫子下面,这就是他对失败的反应。他的胜利欲太过强烈，一旦引爆，他就不知道自己该怎么办了。

去年，为了特别奖励他一周以来很照顾妹妹，我带他去看大学橄榄球季后赛亚利桑那州立大学太阳魔队与拉特格斯大学红衣武士队的对抗赛。之所以挑了这场比赛，首先是因为亚利桑那州立大学太阳魔队是他最喜欢的球队（直到现在我还不太确定他喜欢的原因）；其次，因为我觉得亚利桑那州立大学太阳魔队比拉特格斯大学红衣武士队实力更强，所以我坚信"我们支持的"球队会获胜。

赛前热身阶段一切进展很好。现场极具比赛氛围，杰克逊戴了顶太阳魔队的小帽子，把脑袋靠在我的膝盖上，津津有味地看着。

但比赛开始后，一切开始起了变化。太阳魔队第一次控球时就失败了，红衣武士队拿到球并迅速得分。太阳魔队再次传球失误，红衣武士队又得一分。之后太阳魔队再次失败，7分钟里我们队以0：14落后，根本没有发起过进攻。

这样一来，我们不得不离开体育馆。

儿子先是小声礼貌地问："爸爸，请问我们现在可以走吗？"我马上安慰他，"杰克，别担心，太阳魔队会反败为胜的。"但之后情势越发不妙，杰克并没有大喊大叫，他不是这样的孩子。但时间一分分地过去了，太阳魔队继续处于弱势，杰克越来越焦躁不安。他非常沮丧，身体动来动去，很不开心地靠在我肩上不肯再看比赛。之后他又很小声地说："爸爸，求您了，我们走吧，求

打破误区
BUST THE MYTHS

您了。"

当然，我们还是离开了赛场。对于杰克的请求我当然心领神会。我们是在第一节比赛结束时走的，之后的比赛是在街对面宾馆房间里看完的，没有了赛场的气氛，我们手握摇控器，太阳魔队的情况一不妙我们就立马换台（结局是杰克逊想要的结果：太阳魔队凭借最后一分钟进球以45：40获胜）。

我多么希望当时能劝服他走回体育馆，尤其是当太阳魔队在下半场状态回转开始领先时，但杰克却做不到。他把失败看成了生理上的一种痛苦，他希望在失败的征兆一出现就马上停止一切。这就是杰克的性格，他一辈子都会是这样子。

在他的成长过程中，他的竞争性会以不同于现在的方式展现出来，但是不管"重在参与"有多少乐趣，他永远都无法做到忽视结果。在他长大成人后，当学会一项新技能，他第一个想法就是"分数是多少"，这也是他上周第一次拿起乒乓球拍时间的问题。

要想成为大人，杰克所面临的挑战并不是去掉他的要强心理，将之替换成一种"更加成熟"的个性，如有亲和力、有团队精神等。相反，他所面临的挑战应该是如何发现一个有效途径帮助他疏导这种胜利的欲望。我希望在他成长的过程中，他可以找到适当的方法能把注意力放在他的这种竞争性上，我希望他能学着辨明哪种情势下他能够赢，我也希望他在失败时不要再哭了。

但是我从未希望他去除这种想赢的欲望，也从不希望他学着做一个"输得起的人"。当然，作为父亲，我希望他能学着做一个优雅的失败者，即使输了也仍能做到彬彬有礼。但是杰克现在，而且以后也会有这样的想法："你要是让我做一个'输得起的人'，那我就直接做个'失败者'给你看。"

显而易见，我并不是说他在长大的过程中一点都不会变。他的梦想会变，他的技能会变，他的成绩会变，他所处的环境会变，此外，他的价值观也肯定会变，但是他最核心的部分，也就是他个性中占据主导地位的部分永远都不会变。

其实你也一样。这没什么不好，顺其自然就行。在你成长的过程中，你的目标不应该是改变自我，进一步挖掘内在，而应该是释放能量，聚焦自身已有的优势。

我希望这个例子会有说服力，但不管怎样，大部分人（66%）并不相信这一点。如果你打算劝服这些人重新来看待这个问题，那首先就必须知道为什么认识到这一误区会如此有用。

1. 是什么原因让你相信，在成长的过程中你的个性会发生变化？

先从这个问题开始。问问你自己，之后，如果你确定你已突破了这一误区，那就问一下你在努力劝服的那些人。下面是我经常听到的回答：

"它给了我希望，我可以不断成长。此外，我认为，自孩提时代起我真的改变了。"

"它让我相信我潜能无限。"

"它让我看到了未来的前途,并能让我暂时抛开不开心的'现在'。"

"它让我不必深入探究自己是怎样一个人。既然我总要经历改变,干嘛还要做这无用功呢?"

"它让我相信我不会被我个性中最差的方面困住,也就是说,如果努力改正,我可以克服这些弱点。"

当你听到这些回答,或者你发现自己其实也这么想的,那就不要马上进行反驳,而是就"变化是否具备可能性"展开某种哲学讨论,或是围绕着某人(或你自己)的个性进行详细的辩论。

尽管如此,为了避免冲突,不要就此争论起来。而是开始问下一个问题:

2. 如果你不再相信"在你成长的过程中你的个性会改变"的话,你会有什么样的损失?

这个问题的回答总是五花八门,令人啼笑皆非:

"我会丧失信念,即生活就是一场旅行。"

"我会失去我一生都坚信不已的真理。"

"这会牺牲我的信念:人总是可以进步的。"

"这会牺牲我的信念:学习和成长是成功的关键。"

此外还有一种偏向于理论性的说法:

"这会使我丧失这样的信念,即生命的旅程是不断突破自己的弱点，努力追求更加大方、高雅的生活方式的过程。"

生活的确是一场旅行，而且进步也真的是可能发生的，我们每个人也的确能够更加大方、优雅地生活，这样来看，这的确无可反驳。所以暂时将此搁置一边，问第三个问题。最有说服力的回答当然是那些发自内心的话。

3. 如果相信"人在成长的过程中，你的个性鲜有改变"，你会获得什么好处呢？

"我可以完全信任自己，不再相信我之外的任何事物。"

"永远不会有谁做的贡献能和我完全一样。"

"我不用再听父母、老师或老板告诉我的努力的目标，相反的，我要开始倾听自己极其了解的声音，那就是，我自己的想法。"

"我生命中非常重要的问题，如，我应该怎样对待我的人生？我会在哪方面出人头地？我会在哪方面影响力最大？这些问题的答案可以在自己的经历中一一发现。"

"我对我的事业和贡献等，会有很大的控制权。"

你可以在下面的表格里写下你自己的回答。这么多人都坚信这一误区，究其原因，那就是：它可以起到安慰作用，因此我们得好好花点时间想想怎么回答这三个问题。通过你与这一误区之间的关系进行思考，尽管很安慰人，但你会发现这三个问题的限制性也非常大。

当你在问这些问题时，不管你听到什么样的回答，切记：这几个问题绝不意味着你不会成长、不会进步。当然你能够成长，也将会不断在成长。

1. 是什么原因让你相信，在成长的过程中你的个性会发生变化？

2. 如果你不再相信"在你成长的过程中你的个性会改变"的话，你会有什么样的损失？

3. 如果相信"人在成长的过程中，你的个性鲜有改变"，你会获得什么好处呢？

现在我们进入第二个误区。

> **误区 2** 在最弱的方面才会取得最大的进步。

61%的人认为这是对的,而且很可能你就是其中之一。如果真是这样,那你陷入这一误区的时间应该很早了。在上幼儿园时,如果你的英语很好,但数学很吃力,那么你不会多上英语课,而是努力补数学。你的父母也同样如此。

在成长过程中,我也有很多不足,其中之一就是我害怕与人面对面交谈。不管我多用心地准备下面要对爸爸讲的话,不管多用心准备我的论据、例子、先后顺序,但当真的要谈话的时候,我的大脑就停止运转,嘴巴不灵光,所有的话也都卡在嗓子眼了。

参加工作后大家很快发现了我这个弱点。他们会来保护我,给我提建议,并说,"马库斯,在商业世界里,你必须勇于面对问题,并立即进行处理。"并且他们会引用一些小格言,如"面对是解决问题的第一步"等来激励我做得更好。他们还送我参加自信培训班,让我学会那些百试不爽的交谈技巧,如"要想震慑对方就一直注视着对方的眼睛",或者"如果你想让某人出局,那么,在他提高音量时,你故意压低自己的音量"。坦率地说,这些技巧非常好,非常有效,我也认真采纳了他们的建议。我非常努力地不断练习,说实话,我的确有所进步。在面对面交谈方面,我的表现从"糟糕无比"到"差"。

平时事情烦琐复杂,我的时间很少会全部用在一件事上。

更好地利用时间应该是将所有的精力、勤勉和注意力放在我的优势上。当然这对你也有效。这是你应该相信的事实。

> **真相** 在最强的方面才会取得最大的进步。

你可能不会在生活的方方面面都极具创造力,但不管你的创造力处于什么水平,只有在你的优势上才能爆发出最强的创造力。只有在你最拿手的方面你才最为乐观、勇敢、雄心勃勃。如果在追寻目标的过程中遇到阻挠或障碍,而这些目标又是在你的优势范围内,你的反弹速度也会是最快的。

请至少记住这么一点:你有发展的需求——在那些需要成长、需要改进的方面上有所发展——但是,不论对你还是对于我们大家而言,学得最多、进步最快、发展最快的方面永远是你的优势方面。这些优势就像是一个放大器,可以让你的威力大大增强。

为什么会这样?为什么在你的弱势方面无法取得最大的进步呢?为什么我当初那么努力地想在交谈方面有所进步却始终无法如愿?是不是我的头脑不够聪明,无法让我由一个糟糕的状态进步成优秀的谈话者呢?

答案很简单:生物学。当你在学习、成长并有了新想法时,这些想法的生物学基础就是你大脑中新的突触连接的生成。换句话说,在大脑中已存在大量突触连接的地方,创建新的突触连接当然要容易得多。这也意味着，在已经很强势的地方你的成长才会更快。

但这能否解释另一个为什么呢？为什么大自然会让我们在优势方面学习、成长得更快呢？

答案可以在过去几十年里，行为基因学对双胞胎所进行的研究中找到。研究结果非常有趣，并且也对以下几个基本问题的回答提出了公然的挑战，如：父母对你的抚养教育方式是怎样的，为什么你会有这样的个性，为什么你的个性与你的亲兄弟姐妹、表兄弟姐妹、身边的朋友们都不尽相同。

举个例子，我们现在终于可以解决这样一个老掉牙的问题：哪个因素对你的个性影响更大，是先天的还是后天的？就此进行的每一次研究，结果都是一样的：你的个性中，45%～50%取决于先天。也就是说，你的个性中，45%～50%取决于遗传自父母的基因。那么余下的50%～55%又该做何解释？我们以前一直认为剩下的部分要归因于后天因素——你是如何被抚养，如何进行排泄习惯训练，如何被管教、表扬，是否去过托儿所，你在兄弟姐妹中排行老几，等等。

现在我们知道这并不对。你如何被抚养成人，这对你的个性丝毫没有影响。说得更清楚一点，在余下的50%～55%里，你如何被父母抚养长大所占比例为零。但这并不表示你父母的行为举止以及你与他们的关系毫不重要；相反，父母不仅无条件地倾注着我们所渴望的关爱（前提是，他们是尽职的父母），而且他们也影响了你及你的行为的某些特定方面，比如你的宗教信仰、你的接人待物、你对太阳魔队的支持、你对足球的喜爱等。

但只要父母的行为在正常范围内（如果小时候被他们虐待或不断有身体或心理创伤的话，这肯定是会留下伤痕的），你父母如何抚养、调教、表扬你根本不会影响你的个性。这里，"个性"我想说的是，它不会影响你有多么好胜、怯懦、耐心、外向，或者有多么自信、任性、富于创造力、专一、有责任感、镇定、积极乐观，或其他一些性格。

如果与父母的抚养方式、家中排名无关的话，那么个性余下的50%～55%到底是受什么影响呢？一项研究表明，这是两大因素共同作用的结果。

- 各种几率，如小时候不断遭受耳道感染疾痛的噩运，成长过程中基因发生突变等。（这些小的基因变异解释了为什么我们有时会看到同卵双胞胎中，一个患了腭裂，而另一个，尽管基因相同却一切正常；又或者，为什么其中一个双胞胎患上了精神分裂症而另一个却没有。）

- 你的同伴。

这里的"同伴"指的不是"来自同伴的压力"。在成长的过程中你可能会感觉到来自同伴的压力，但即便如此，这也只是影响了你的行为和价值观，而且很可能只是暂时的。这一类型的同伴压力并不会影响你潜在的个性。

这里我所说的同伴，指的是那些对你有最真实和最深入了解的人，尤其是知道在家庭以外的世界里你真正的优势是什么。你的同伴会准确地告诉你（比你的家人还要准确得多），你是否能够担起主导角色，你能左右谁，你是否风趣，你是否是个好伙伴以及什么时候是，你的想法是否有趣、切合实际，你是否值得信任，等等。

对于小孩子来说，这是非常有价值的信息，因为这会有助于你认识到，长大后在哪方面最有可能成功。你通过这种方法了解自己的优势，而与此同时还有一种体系在起作用。它促使你不断找寻在哪种情境下，你能充分发挥自己的优势，并且这些重复进行的动作，使你的大脑开发过程中产生物质变化，这反过来让你能够更进一步发挥你的优势。这一体系在你的幼儿、少年时代一直发挥着作用，而15岁后则不再有效。

在你出生时，这些就像是写在你的生物设计规格中的使用说明：

1. 孩童时代非常注重同伴们对我的看法。

2. 与同伴相比，发现自身的一些优势。

3. 塑造自身优势。

4. 接着，在你还是个10多岁的小孩子时，就开始围绕这些优势打造自己的个性。

大自然让你生来就与众不同，之后，它并不满足于此，而是设计了一套复杂的反馈与个性塑造体系，让你更加与众不同。它既希望你找出自己的优势，更希望你能进一步强化你的优势。

打破误区
BUST THE MYTHS

大自然缘何做这样的设计呢？这和它为何赋予你进化免疫系统和对立拇指的道理是一样的。因为通过这种方法你会更具竞争力。发现你的先天优势，之后研究一下如何充分利用这些优势，这样，无论是在一群捕猎者中，还是在一群同事中间，你的生存几率都会更大。说到底，这就是大自然的致胜策略。

这些听起来像是在努力辩解为什么你会在最具强势的方面进步最大，但日常现实却很少经得起推理。"你在弱势领域的提高空间最大"这一误区一直存在，我们养育孩子、教育学生、培训员工时都是以这种方式进行的，毕竟，从情感的角度而言，这也是合情合理的。因此，要想将它连根拔起，你就必须面对这些使这一误区根深蒂固的"感情锚栓"。

为了帮助你，现在不要再往下读了，而是先回到之前这三个根除误区的问题上。我们不想影响你的回答，但为了改变你的想法，下面我们列举了一些最常听到的回答：

1. 是什么原因让你相信，在最弱的方面才会取得最大的进步？

"我的弱点会伤害到我和我周围的人，比如我的顾客、同事、老板、朋友，甚至我的家人。如果我学着改进自身的不足，我会感觉自己更有能力、更加坚强。"

"努力改进自身不足让我觉得自己充满了责任感。"

"由于起点低，改进的空间大，更容易看到进步。"

"改进缺点看似是一种必要，所以给了我不小的动力，让我当机立断，采取行动。"

"它不断在强化父母、老师对我的教诲。"

"相信这一理念让我有所受益，它不断在鼓励我去做我应该做的事。"

2. 不再相信这些误区要付出什么代价？

"我希望人们能把我看作一名'优秀的士兵'。如果我停止改正自身不足的话，我将无法得到他们的认可。"

"我一直以我的职业道德为荣。我是那种从不满足、永远追求卓越的人。如果不再相信这些，我会放弃这一切的。"

"我是一名管理人员。'改正自身不足'这种理念非常省时、高效，我只需发现每个人的不足，然后综合制订一个计划，让他照着改进。'塑造优势'的理念似乎太消耗时间了。"

3. 如果相信"在最强的方面才会有最大的进步"，你会获得什么好处呢？

"我会去挑战我所热爱的工作中最能发挥优势的那些领域。"

"我能够满足自身的好奇心，探究自己感兴趣的事。"

"我会看到自己变得更优秀，进步也更快，并且进步不是一点一点，而是成倍地增长。"

"我会在一两个关键领域出类拔萃并被看作是该领域的专家。"

"我会在工作的几个领域里始终站在新的发展与潮流的尖端上。"

"别人会认为我是最能想出好点子与创新理念的人。"

尽管这是我们经常听到的回答,但这不一定能代表你的观点。现在轮到你回答了:

1. 是什么原因让你相信,在最弱的方面才会取得最大的进步?

2. 不再相信这些误区要付出什么代价?

3. 如果相信"在最强的方面才会有最大的进步",你会获得什么好处呢?

对于这些问题，不管回答是什么，你可能会这样想："我喜欢发挥自身的优势。我希望能把大部分的时间用在改进、加强自身的优势，但是我做不到。我不具备这个条件。我效力于一个团队，团队需要我做的可不止这些，它需要我把我的优势置于一边，只要能帮团队赢，我什么都得做。作为团队成员，这当然是最正确、最有责任感的事了。"

事实当然不是这样的。尽管这一想法可圈可点也合情合理，但这个观点却是有瑕疵的。这实际上是第三个，也是最后一个误区，是它阻挡着你无法成为20%人中的一员。前一个误区有点推理性质，让你误认为通过改进自身不足可以获得最大的回报，而这一误区则是道德层面的，因此可能更有深度。

误区 3 一个优秀的团队成员为了团队利益是愿意做任何事的。

91%的人赞同这一说法，道理显而易见。这也是你从小就被灌输的思想。在校队里，教练总会传达这样的信息：这不是你一个人的事，这有关于整个团队大局，你不能逞个人威风，要以大局为重，在团队中没有小我。

在商业世界中，这一理念在继续蔓延，你要不断参加以同等理念为指导的团队建设培训、公司激励休闲游等。公司要求你处事灵活，适应性强，全方位发展，无论团队需要你做什么，你都乐于挺身而出。

现实情况却并非如此。事实上，如果你与队员们通力合作，当然成绩就会更好（毫无疑问，团队比一群分散的个体更为有效），但如果仔细研究一下那些最为高效的团队，你会发现，这些团队的成员们并非是全面型的。他们并不是团队要求他们做什么他们就会去做，相反，他们秉承的理念是：

> **真相** 大多数时候，一个优秀的队员会主动要求发挥自己的优势。

他们已经意识到了，最正确、最有责任感的事就是认清自身优势，然后琢磨一下如何安排他们的时间与角色，这样，在大多数时候，他们都能发挥出自身的优势，然后再努力发现团队其他成员的优势与不足。这样一来，整个团队成了一个"多面手"，而这恰恰是因为每个人只精于某一方面。

当然，团队成员有时也需要为了团队做一些自己不擅长的事，但老到的教练马上就会意识到，这并不是团队合作的精髓所在，而是在和团队合作背道而驰。真正的团队合作源于整个团队成员间非常协调的优势互补组合。

这一点做起来可谓奇难无比，这不仅需要有一位能够清楚辨明每个人优缺点的教练或经理，更需要队员本人能够认真思考、对待自身的优势，这才是最难的一点。团队并不需要你简单一句话"愿意为团队做任何事"，而是需要你能非常精确地知道自己的优势与不足，接着再仔细想想如何进一步发挥优势，规避不足。

这听起来就像是你在对同事说，"这类事情我想多做一点，因为这是我的优势；而这类事就少做一点，因为我对这一块儿并不擅长。"这话你可能说不出口，因为，坦白地说，这听起来有点以自我为中心，不顾及他人，甚至是不负责任，但你要努力说服自己克服这些感觉。

这并不是"不负责任"。你的队友需要知道在哪些方面他们最能够依靠你。最有责任感的做法就是告诉他们，而你的优势就是答案。

这可能是对的，但完全认可这一想法的人尚不到10%。所以，最后一次问问自己上述这三个破除误区的问题。

下面列出了这三个问题，为了让你有所启发，我同时还列举了几个最为常见的回答：

1. 是什么原因让你相信"一个优秀的团队成员为了团队利益是愿意做任何事的"？

"这会让我在团队中更有安全感。如果我需要从同事那儿获得帮助的话，我希望他能挺身而出，尽一切努力来帮我，不管这是不是他的优势所在。"

"这强化了我的世界观。我的父母、老师、教练一直反复告诉我这是对的。"

"这使我在队友中大受欢迎。我总会在他们需要的时候出手相助，这让他们都很喜欢我。"

2. 不再相信"一个优秀的团队成员为了团队利益是愿意做任何事的"这一观点，要付出什么代价？

"我会失去队友们的肯定与认可。"

"我将体会不到'为了团队利益而牺牲自身做自己不喜欢的事'的成就感了。生活可不仅仅只有鲜花与掌声。"

"这会影响我的表现。有时团队只是需要我委屈一下，为队里做点什么事。在这些时候，我无法忽视这一点。"

3. 如果相信"一个优秀的队员会主动要求发挥自己的优势"，你会获得什么好处呢？

"从内心深处看，这是我无论如何都想为队里做的事。"

"我会因在关键时刻挽救团队而受人尊敬。"

"在团队中，发挥自身优势取得的成功越大，团队就越是会重新调整它的'作战计划'，我的优势也越能得到更充分的发挥了。"

"这样一来，以后我就不会再'主动要求'做一些明知自己不太擅长的项目了。"

很显然，我并不知道你对这三个问题是如何作答的，但请你花点时间把你的回答写下来。你向着美好生活前进的旅行将充满挑战，但如果你无法先让自己坚信这场旅行值得一试的话，一切就只能成为空中楼阁了。

1. 是什么原因让你相信"一个优秀的团队成员为了团队利益是愿意做任何事的"?

2. 不再相信"一个优秀的团队成员为了团队利益是愿意做任何事的"这一观点,要付出什么代价?

3. 如果相信"一个优秀的队员会主动要求发挥自己的优势",你会获得什么好处呢?

这对于你的同事也一样有效。"发挥你的优势"是最常听到的箴言之一，你在讲这句话时，每个人都会开心地点点头表示赞同。然而，正如数据所示，大多数人并不相信我们可以采取这样的生活方式。为了让这一理念得到推广，你首先要努力劝服身边的人，让他们看到这一理念的精髓与睿智。这三个问题以及相关的讨论会起到很大作用的。

总　结

误区 1	在成长过程中，你的个性会不断改变。
真　相	在你成长的过程中，你的个性不会改变，你还是你。
	你的价值观、技能、自我意识以及你的一些行为会变，但你个性中最为核心的部分却永远不会变。

误区 2	在最弱的方面才会取得最大的进步。
真　相	在最强的方面才会取得最大的进步。
	在你的优势方面，你才会最有求知欲，最具创造力，也最乐于学习新事物。

误区 3	一个优秀的团队成员为了团队利益是愿意做任何事的。
真　相	大多数时候，一个优秀的队员会主动要求发挥自己的优势。
	一位伟大的团队成员并不是一位"多面手"。整个团队成了一个"多面手"，而这恰恰是因为每个人只精于某一方面。

一探究竟
GET CLEAR

你知道自己的优势
是什么吗？

GO PUT YOUR STRENGTHS TO WORK ▶

你是否曾注意到这样一点：当你让别人描述弱势时，他们总会绕个弯，以至于弱势听起来反倒像是优势了。

"我的弱势是，我在意的东西太多了。"

"我太过追求完美了。"

"我为自己设定的标准过高了。"

事实上，在写这部分时，我也在绞尽脑汁，想努力回忆起采访过程中类似这样的小例子，"你知道吗，我的弱势就是思考方法缺乏战略性"，又或者"计划设计出来后，我总得挣扎半天，就是不想执行"。我觉得肯定会有这样的例子，但就是少之又少，怎么也想不起来。

尽管如此，我们并没有必要感到吃惊，毕竟这就是人性：我们总是想尽可能向外部世界展示出积极向上的一面。我知道这种做法让我心怀愧疚，可能你也是一样的心理。但鉴于我们都倾向于一种积极向上的自我展现方式，这样做至少也还是可以理解的。

然而，有一点却相对比较难理解：为什么到了描述自己优势的时候，我们总是无法清楚道出呢？正是这些优势才让我们达到辉煌，然而当要求我们对此详细说明时，我们却说不清道不明了。我们的回答有点太过泛泛，不知所云。在此前的几本书中，我曾这样写过，当你请别人描述他的优势时，最常见的回答就是"我喜欢与别人打交道"，而这几年间的种种事实表明，这一现象仍然非常普遍。

还有一个答案，听起来和上一个算是"半斤八两"，"我擅长促成事情的发生"。但是，这儿他又没有再往下细说他到底擅长促成什么样事情的发生，他是擅长先创造事物再促其发生，还是说等着其他人先把东西做出来，他再忙着推动这些事的发生；又或者是他独特的才华能使许多小事同时发生呢，还是在一件大事做完后继续做些收尾工作。仅仅一句"促成事情的发生"，这就是我们最可能听到的回答。

有很多人会跑来跟我讲他们的优势，但基本上都是千篇一律，仅有几个讲得出细节的通常是接受过优势识别器测试的人。这些人在描述自己的优势时倾向于列出五个能力主题（能力测试图会就34个能力主题进行测试，做完后它会得出你的五大能力）。由于这一测试图的直观目的就是让你以这种方式，对你和他人描述自己的优势，因此，在试着描述自己优势时能听到你以这种方式进行，这当然是件很美妙的事，至少在我看来是这样的。

然而（这是一个很大的转折），这些标签并不等同于你的优势。你的优势是要通过你的实际行动来定义的，即，你所做的事，更进一步来说，就是那些你不断在做，已近乎完美的事。换句话说，如果你是个护士，你的优势之一可能就是为病人打针，同时让病人几乎感觉不到疼痛；又或者，如果你是宾馆的前台服务员，那么你的优势之一可能就是为每位顾客提供优质服务，让他感觉住在这儿很放心；又或者，如果你是一名销售人员，你的优势可能就是在激烈竞争中仍能达成交易。

正如《盖洛普优势识别器2.0》所说，这类的优势由三大基本元素构成：

1. 天赋。比如，执着、果断、有竞争力等。你距离自身的天赋如此之近，已把它们看成是理所当然的事了。优势识别器和其他一些个性测试图的目的，就是要帮助你退后一步认清自身的天赋。这些天赋是你与生俱来，并一直尾随着你的。这也解释了为什么你的个性测试结果，在你的一生中都不会发生大的改变。

2. 技能。比如，知道安全注射的步骤，或者如何为客人办理宾馆入住手续，或者如何将你的产品特点和竞争对手的产品做一个比较分析。技能不是与生俱来，而是后天习得的。

3. 知识。比如，每位病人用药的正确剂量是多少，或者对特定的宾馆而言，当地的哪家宾馆更有吸引力，又或者在市场上哪位竞争对手对你构成了最大的威胁。很明显，知识也是后天习得的。

举个例子,如果把这三种元素放在一起,也就是,天赋(执着)、技能(安全注射)和知识(每位病人用药的正确剂量是多少),创造出一项优势"为病人打针,同时让病人几乎感觉不到疼痛"。

天赋(果断)、技能(为客人办理宾馆入住手续)和知识(对当地宾馆的认识),把这三者结合起来就创造出了"为每位顾客提供优质服务"这一优势。

天赋(有竞争力)、技能(做一项比较分析)和知识(你的产品的竞争对手),把这三者结合起来就创造出了"在激烈竞争中仍能达成交易"这一优势。

定义这三种元素非常有用,原因有二。首先,它让你知道,在你的这些优势中,哪些方面是可以习得的,哪些不能;其次,它让你知道,在你的优势中,哪些方面是可以通用的(即你的天赋),哪些方面是要根据情境而定的(即你的技能和知识)。这样一来,对于某一行业的销售人员来说,如果你改行了,那么你之前所做的比较分析不可能有用,但是,不管你在哪个行业干,你内在的竞争活力会激发你的无限潜能。

然而,说到如何发现你自身的优势时,天赋、技能、知识这三者间的区别可就作用不大了。要找出是哪些事打造出了你的优势,你就不能仅仅停留在普通的天赋标签上,而应该进一步查明在一周时间内,你实际做的这些事让你有何感觉。个性测试得出的结果当然为你继续探寻指出了正确的前进方向,但测试所能做的也只有这些了。之后,你必须更进一步,密切留意自己在这周活动之前、之间、之后的感受。只有那时你才能清楚认识到你真正的优势。

为了帮助你,下方列出了优势的四大标志。

优势的四大标志

首字母缩写词SIGN让我们能更好地组织并记住这四大标志。这里,S代表"成功"(Success),I代表"直觉"(Instinct),G代表"成长"(Growth),N代表"需求"(Needs)。

S代表"成功"(Success)

如果我要你描述一下你的优势,你很可能会以那些你认为做得很成功的事作为开场白,坦白地说这样的开场白是合情合理的。要想使某件事标榜为"优势",很显然,这里面一定得体现出你的能力,而你的成功,不管是可以度量的,还是其他形式的,都是你能力的最佳指示牌。你可能无法精准地判断出自身的优势在哪儿,很可能你会太过苛刻抑或太过宽松地来评估自己,这都取决于你自身。然而,你对某一件事的感觉(用心理学术语来说叫"自我效能感"),就是自身优势最为坚定的第一风向标。

但现在别急着认定这些事情就等同于你的优势了。对"优势"

的常见定义就是"你所擅长的一件事",这并没有错,而只是有点不够完整罢了。它所遗漏的部分恰恰就是你非常想了解的东西。你并不想知道过去,你所关心的是你的未来。你想知道在你培训和练习的过程中,哪些方面的进步空间最大;你想知道在哪些方面你会最具创造活力,能想出最好、最新的点子;你想知道,在你的一生中,哪些事会让你最有成就感,会推动你不断前行。这些问题非常有趣,而对这些问题的回答也会有助于你发现在哪些领域你最终会取得最大的成就。

毫无疑问,总有一些事是你非常擅长的,也总有一些事是让你根本都提不起兴趣的。

我曾经采访过一位营销执行官马吉·林德博格(Maggie Lindbergh),她对组织比较复杂棘手的项目很有一手。项目接手后,她会先收集项目的方方面面的资料,将其进行分类整理,之后进行排序,这样整个项目的进展就非常流畅了。她是一个非常聪明能干的组织者,但与此同时,这类活动也已让她疲惫不已。这样的话,组织复杂棘手的项目称得上是她的优势吗?应该将她的所有工作时间都用在这件事上吗?这很难说。

马特·波顿(Matt Borden)为我们展示了一个更为极端的例子。上天赋予了他很明显的体质特长,但奇怪的是,他对此却非常痛恨。

在马特约6岁时,一直在海滩上观察他游泳的救生员找到了他妈妈,告诉她马特是一个近乎完美的自由泳胚子。在他看来,马特是一个非常突出的天然游泳健将，因此他强烈建议马特的妈妈把他送到游泳队。马特一直精力旺盛，他妈妈也正在寻找某种途径让他释放出过多的能量，所以她马上找到一家游泳队并安排了试游。

可马特一看到游泳池就有一种本能反应，当教练要他展示一下自由泳，对他进行评估时，马特跳进游泳池，假装自己根本就不会游。

马特的妈妈有点生气，她走到游泳池的一端，告诉他不许再胡闹，像平时那样游给教练看。马特背对着游泳池的墙，同意照做，他改变了原来装出来的几乎溺水的笨拙表演，转而展现出了他与生俱来的游泳天赋，像条鱼儿一样游来游去，动作非常精准到位。教练同意马特加入游泳队。

此后不久马特就开始在大大小小的比赛上获奖无数——不论是短池游泳、长距离游泳还是接力赛。他最拿手的还是自由泳，但作为一个天生的游泳天才，他在仰泳、蝶泳、蛙泳等方面也实力非凡。当然，尽管马特很有天赋，但他也得刻苦训练。他每天（无论上午还是下午）的训练安排就是慢跑两小时，并且还要游几千米。

随着时间的推移，逐渐出现了一个问题：马特开始讨厌游泳了。他刚入高一就进了校队，并成为校队的明星人物，但他对游泳却异常反感，使得他每次比赛前都会偏头痛，全身无力。这种反感最终达到了一个极端，他甚至觉得他在水中感受到快乐的一刻，就是被救生员注意到的那个下午。让人更为困惑的是，马特

一探究竟
GET CLEAR

继续在比赛中获奖，屡次打破校级纪录，不断得到朋友、家人和教练的表扬与夸奖。他无法理解为什么他最擅长做的事会让他如此反感。他也不知道怎样才能够放弃他如此有天赋的这一强项。

但除了游泳，马特还有别的强项，这让他觉得自己像是一位摇滚明星。马特喜欢弹吉他和创作音乐，甚至在一遍遍练习游泳技巧的时候，他仍会迫不及待地把新发现的拍子和技巧加入他所谓的"业余作曲"中，这也是他非常乐于追求的事。

他也知道，即使在创作歌曲时也会让他有所挣扎，但这是和游泳截然不同的感觉。马特在玩音乐时才更能找到自我。

高二临近结束时，马特找到他的游泳教练，告诉教练他打算退出。他丝毫不肯妥协，也不接受教练和父母提出的交换条件，即游泳、唱歌两不误。马特下定了决心，怎么都不肯回头。

随后，马特的偏头痛也不治而愈了。现在，马特成了一名音乐制作人，并在加州南部拥有一家工作室。他仍然弹吉他，也演奏贝斯、钢琴和鼓，他尤其擅长让第一次进棚的歌手放松下来，让他们能够呈现出满意的音质。回想起当初试游时假装不会游泳的画面时，马特不禁大笑起来。笑声中有一丝忧郁，似乎在表明童年时"假装不会游泳"时就对未来有了预见；笑声中也有着一丝解脱，他最终逐渐看透了上天传递给他的这一错误讯号。

马特的这个例子可能有点极端，但你也会做些这样的事：有能力，但没兴趣去做的事。你能够去做这些事，因为和马特一样，对这类事你有这个天分，又或者因为你很聪明、勤勉，有责任感，或者以上原因皆有，但你就是不想去做。这些事让你觉得无聊、沮丧，甚至更糟的是，它让你患上偏头痛。

这些是你的优势吗？我们是否应该告诉你要花费时间、精力去学习如何使你的优势强上加强呢？我们是否应该告诉你要朝着这些优势调整你的工作，寻找可以用到这些优势的良机，找出自己扮演怎样的角色，发挥优势实现成功呢？答案当然是否定的。

你的优势当然不仅仅是你所擅长的事。仔细看一下你就会发现你的优势的其他标志。

I代表"直觉"（Instinct）

你的优势里有着一种"情不自禁"的特质。你说不清楚为什么，但你发现自己不知不觉中反复为某些事所吸引。在做这些事时你可能会有一点点害怕，有一点点紧张——"可能我还不够优秀，可能我会失败"，但即便如此，你还是觉得有一种力量在吸引着你。

在孩童时代，我讲话有点不太灵光，5岁时我突然莫名其妙地开始口吃，并且这一直持续到了12岁生日时。但是，只要老师们要求小朋友在班中大声朗诵，我都会毫不犹豫地举手，仿佛自己要伸手够什么东西。即使我对可能会出的状况有点害怕——我的嘴巴不太利索，这会让我看起来很傻（这种状况的确也是一直发生的），但尽管如此，我还是情不自禁地举起了手。老师请同学朗读某行诗时，我也会举手。班级剧目公布演员名单时，我总会排在第一个。

这真的很难解释，但你总会发现类似的事情。这很难按常理去分析，但你会发现自己直觉里总是在期待着这一类事。你可能会有一点点害怕，但是，尽管没有外力的驱使，你却总会不知不觉地就出现在这样的情境之中。

G代表"成长"（Growth）

现在你知道，支撑你的优势的生物学基础是一些突触连接的厚的分支；你也知道了大自然在已有物质基础上的"就地取材"，这样，在突触连接最多的地方它的生长速度也就最快。在这个物质区，你会学得最快，想出最新的好点子，并拥有最佳的洞察力。

这些仅仅停留在生物层面上，但问题是，你无法窥视脑袋内部，辨出这些厚的分支来。那你应该怎么做呢？一堆突触在燃烧时会有什么感觉呢？

感觉就是，很轻松，很简单，好像根本不需要很努力去做，不知何故，做起来就是那么得心应手。你很快就把它学会了，之后在做这件事时，你根本犯不着让自己全心投入；相反，你会很自然地投身其中，时间在加速奔跑着；你仍旧专心致志，但时间却似乎越走越快。你得提醒自己停下来，抬头看看钟，这时你才意识到，几个小时的时间已飞逝。

这有点像是一种兴趣，或者更多又像是一种求知欲。它让你想要去实践、阅读，用新的技巧改进自身，去成长。这感觉像是真正的快乐。

但是，由名著《心流》(Flow)作者米哈里·契克森米哈赖(Mihaly Csikszentmihalyi)所做的研究表明，快乐是与专注紧密相连的。投入一项让我们求知欲十足的事情中，尽管事先可能预测不到在做这件事时是否会开心，但事情一开动就唤起了我们最专注的投入，我们的快乐指数瞬间狂飙。

快乐与专注。这两者是相互依存、缺一不可的。

"自相矛盾的一点是，"契克森米哈赖写道，"快乐感是只有在事后才能感受到的。如果在过程中体会到这种感觉的话，这只会让你分心——攀岩者会不慎失足，象棋手会在比赛中落败。根据我所采访的这些人所描述的所有时刻中，感觉最好的就是事后。"

但这不是说这些事不需要努力。努力当然是必须的，只是看起来有点像是不费吹灰之力。你觉得事情充满挑战性，但这一挑战却是以你喜欢的方式进行的。你自己想全心投入。在做的过程中，你会全然不顾（不关心自己做了多长时间，在做什么，其他人在想些什么，什么时候能做完），而是全身心地投入其中。对周围的一切已全然不知，全然不顾，而且能持续很长一段时间。

N代表"需求"(Needs)

优势的最后一个标记,即SIGN中的N,代表了"需求"。标记I,即"直觉"指的是你在做这件事前的感受;标记G,"成长"指的是做的过程中的感受;而标记N,"需求"则指的是事情做完后的感受。

有的事似乎只是满足你内在的需求。做完这些事后,身体可能会很累,甚至无法全副武装重来一次。但在心理上你却感觉不到一丝疲惫,恰好相反,你会感到很有成就感,威力十足,焕然一新。这是一种满足感,也不仅仅是满足,你还会觉得自己做了一件实实在在的、正确的事。

我做过大量的现场直播节目,舆论对我的评价也不算很差。但事情做完后,我从来不想再来一次。我觉得很空虚、无力。下了节目后在后台看到我时,我已蜷缩着躺在沙发上,眼睛里光芒尽失,大脑也停止运转,迟钝不已。这种节目让我很想逃避。

相反,我太太简,只要有机会做电视直播,不管在何时何地,她会乘坐任何航班前往。作为节目记者,她每年要为GMA做大概15期节目,尽管没有报酬,工作地点(纽约)也很不方便(我们住在洛杉矶),并且事先要做大量的准备工作,但她总是乐此不疲。

我曾问过她原因,她想了半天也想不出合适的词。我催促她回答,她说出了这样的话,"摄像机对着我时,我的感觉是最棒的",

"节目完成时，我感受到了最真实、最完整的我"。不管做何回答，她只知道一点：她听到一种声音在呼唤她不断向一件非常特别的事情靠近，与此同时，用她的话说，"只知道感觉很对"。

你的优势是指那些让你感到自己很强大的事

将这四个标志合为一体，"优势"最简单、最有用的定义也就出现了：你的优势是指那些让你感到自己很强大的事。（反过来也可以这样说，"让你感觉自己很弱小的事"就是对"弱势"的最好定义。更多内容见第4步。）这一定义抓住了这样一个中心观点：在做某件事时，你的感觉如何决定了你对这件事的感受。按照SIGN来分析，你需要非常留意自己的I（直觉）、G（成长）和N（需求），因为它们会推动你迈向S（成功）。简单一句话，你的兴趣带动你的能力。

但大家的普遍看法却稍有不同。大多数人认为成功离不开刻苦的练习。至少从表面而言，这种看法并不为过。事实上，近期由一位教授带队对各个行业，如篮球、象棋、软件设计和拼字游戏等业内专业人士，进行的一次长达20年的调查研究表明，"任何一种非凡成就的取得，几乎都离不开长时间的努力与完善"。《纽约时报》是这样概括这一研究的："这并不是说我们所有人都有同等的潜能。迈克尔·乔丹，即使没有在体育馆里无数个小时的训练，他仍然会是一位优秀的篮球运动员，比我们大多数人要优秀得多。但如果没有在球馆中的长时间练习，他是绝不可能达到现在的水平的。"

  那么，大家普遍的想法是正确的，的确是熟能生巧。但这没什么大不了的，我们早就听到过这样的观念，我们的第一位儿童棒球教练就开始给我们灌输了。真正重要的是，并非所有的事你都是以同样力度的努力来对待的。你的兴趣激励自己努力练习，而你的练习提高了你的表现。再次提起SIGN，I（直觉）吸引着你，G（成长）让你专注如一，N（需求）让你感觉很棒，反过来又刺激I（直觉），又把你吸引回来了。这样的循序渐进，兴趣不断推动着能力的提高。

关于"优势"

"优势"看起来是什么样的?

- 它具有持久和近乎完美的表现。

"优势"由哪三大部分组成?

1. 天赋。你距离自身天赋如此之近,优势识别器测试、MBTI职业性格测试、科尔比意动指数等个性测试图可以最有效地将其测量出来。天赋是与生俱来的。

2. 技能。技能是后天习得的。

3. 知识。知识是后天习得的。

自身优势的真实感觉:

- 在做的过程中,你会感到很充实、很高效——SIGN中的S(成功);

- 在做之前,你对此事已充满了期待——SIGN中的I(直觉);

- 在做的过程中,你的求知欲很强,非常专注——SIGN中的G(成长);

- 做完之后,你会感觉很有成就感和真实感——SIGN中的N(需求)。

因此,为了弄清楚自身的优势,请密切留意哪些事让你有特别的感觉。你的感觉会告知你都具有哪些优势。

一探究竟
GET CLEAR

"兴趣有余、能力不足"的事又该当何论

是的，对于那些你渴望去做的事，但不管多么认真地去练习，做的过程中有多么开心，做完后你感觉有多棒，但似乎一点提高都没有，那该怎么办？你感觉到了许多I（直觉）、G（成长）和N（需求），但似乎就是无望达到S（成功），那该怎么办？"兴趣有余、能力不足"的事该当何论呢？

对此我们也有一个通俗的词来表达，即我们所说的"爱好"。它们之所以仅仅停留在"爱好"上，是因为没人付钱让你做这些事。在爱好的世界里，你可以尽情地释放你的欲望，如，在帆布上画油画，打高尔夫，或洗澡时大声歌唱，没人真正在意你的表现是不是不够好，这一切的原因就是：你的生存并不取决于你的表现。

但是，回到现实世界，即围绕着工作、工资、顾客与期望值的世界里，我们会很快将之放弃，因为我们玩不起。很少有人会继续对那些明显没有天分、能力的事保持强烈的兴趣。我们经常看到大家对那些有钱有地位的工作或角色会表现出很大的兴趣，但这有一点不同，这里他们渴望的是钱和地位，而并非工作或角色本身。

很少会看到有谁，尽管一直没有起色，但仍然坚持做某件事。这一定是与我们的DNA有关。从进化论的角度看，一直渴望去做你很显然做不好的事，这并不是一个进化的特质，因此，尽管偶

尔有翻盘的可能，但对于我们大多数人而言，要想生存下来是毫无可能的。

谁是你的伯乐

　　从小时候起，你就被训练着要跳离出自我的圈子，"客观"评价自己"真正的"优势。你所受的教育就是：在家，你要听从父母的意见；在学校，你要听老师的；在工作上，你要听从经理或求助于绩效评估来确定或否认自己的优势。

　　但如果你的优势是那些让你感觉很强大的事，那么最有资格发现这些优势，事实上也是唯一有资格发现这些优势的人就是你。你不需要经理或绩效评估甚至是心理学家来告诉你都有哪些优势。可能上周你让别人帮着找出种种迹象，这周又让人帮着留意你对所做事情的反应，但只要你得到了这些帮助，你就是自己优势最好的"伯乐"。你知道哪些事一而再地吸引着你；你知道哪些事是你情不自禁主动要做的；你知道哪些事可以让你一直有兴趣并专注其中，做起来也几乎毫不费劲；你知道哪些事让你感觉很强大，有成就感，威力十足。

　　如果说你喜欢井井有条，将每件事各就各位，那么就没有人，无论是老板也好队员也好，能告诉你你做错了。任何人的评价都抵不上你自己的。当然，他们能告诉你你没有按照公司规定的方式来安排事情；当然，他们能告诉你有一种更好、更有效的组织方式；他们甚至能告诉你，有时你需要通过服务顾客、做销售或其他类似方式来组织事情。所有这些都是合理的绩效反馈，你应该不断关注这些。

但就发现自己喜欢做哪些事，讨厌做哪些事，这点没人比你更清楚。没人能告诉你哪些事让你感觉很强大，哪些事又让你感觉很弱小。你的观点现在是，以后也永远是毫无疑问、千真万确的，所以一定要相信自己的观点。密切留意自己的兴趣所在，发现自己的兴趣点，清楚阐明并进行确认，由此，卓越的业绩也就随之而来了。

发现、阐明、确认你的优势

学着如何发现、阐明、确认自己的优势，是你在这一步的目标。你将学着如何观察这一周所做的事，寻找那些与优势挂钩的标志，并发现这些优势。更细一点说，到这一步结束时，你将能够写下三句话，对你的优势进行生动的描述。这三大"优势陈述"并非来自于个性测试或是绩效评估；相反，这些陈述源于你将一周内繁杂的事分开，将展现优势与不足的事进行分类，然后将优势尽可能进行分级（在第4步我们会讨论你的弱势）。这三件事会最大程度展示出你的高效、创新、灵活与专注，这三件事能体现出最佳状态的你。

为了让你对"优势陈述"有点概念，我先说下我自己的这三条。下面你会看到，每句我都会以"我感到自己很强大，当……"这样的结构开头，这样做的理由我稍后会做解释。

S "优势陈述"卡

我感到自己很强大，当……

我在采访一个工作表现卓越的人，并探究他卓越背后的原因时。

S "优势陈述"卡

我感到自己很强大，当……

我做演讲，但只针对大的听众群，只围绕着我非常熟悉的主题做，只在我完全准备好了并知道我的演讲会进一步推进一项任务时。

> **S** "优势陈述"卡
>
> 我感到自己很强大,当……
>
> 我花时间去研究那些取得卓越业绩的机构时。

我每次一看到这几句都会震惊不已。对我而言,它们是那么的重要、也永远正确,几十年来恒久不变的真理,曾经是那么普遍又那么的独特。它们让这个世界,包括我的世界在内,都井井有条,充满意义。

我们曾帮助过成千上万人写下自己的"优势陈述",并且,尽管这些陈述因人而异,但最佳陈述都具有这样一个特点:它们都感动了写下它们的人。正确做完后,它们会向你揭示点什么:这是你一直都知道的,也是非常特别、非常真实,但已被成人世界的种种需求和喧扰所淹没的事。要重新找回这些优势,即发现、阐明、确认这些优势,应该是令你感触良多的一件事。这种感触可能是你重新发现自我的快乐,可能是想充分发挥自身优势的激情,也可能是这么多年来一直忽视自身优势的遗憾与后悔。但无论如何,这种感情必须很强烈。

所以,第一次写下"优势陈述"并阅读时,如果你一点感觉都没有，那就要全部扔掉再试一遍，因为你还没有写到位。

把"优势陈述"提炼出来并详细阐明，这对我至关重要。只有对每周做出规划，下一周可以有意把上一周做过的一些事再多做一点，这样我才能在尽可能长的时间里做出最大的贡献。如果每周我都能做到这些事情的某一方面，比如"找到合适的人做采访"，或"准备演讲"等，那我就拥有了生机勃勃、创造力十足、硕果累累的一周了。如果由于某种原因，如顾客的需求或者同事，又或者我自己不够专注而做不到的话，那我这一周也不会有这样的收获了。

这对你而言也是如此。

S	"优势陈述"卡
	我感到自己很强大，当……
	我培训我的团队，帮助他们实现季度销售目标时。

S　"优势陈述"卡

我感到自己很强大，当……

我在设计很有威力的谈话，帮助人们达到他们想要的影响力时。

S　"优势陈述"卡

我感到自己很强大，当……

我参加头脑风暴会议，想出工程解决方案，应对复杂的设计挑战时。

S　"优势陈述"卡

我感到自己很强大，当……

我把信息合成、归档，把它整理成一份井井有条的报告时。

你在未来数月或数年内的挑战可以用下面这个问题来概括，"这周如何才能比上周进一步发挥自己的优势？"要这样做的话，你必须先要写下简洁、鲜明、特别的"优势陈述"，每次读到它们时，你就会有了前进的力量。

认清自己的优势最有效的方法就是很简单的三段式。这并不需要你退后一步或远离你的工作，相反，这需要你更紧密地关注你的工作，按照你对事情的感觉来准确进行分类。

这个过程始于这样一个挑战：在过去一周时间里，你"发现"哪些活动体现了你的优势，而哪些又是你的弱点。这个阶段非常关键。如果不这么做，你获取不到必要的原材料以写出有力、生动与真实的"优势陈述"。

下一步你需要"阐明"这些你发现的事，并做出陈述，既简洁扼要，保留原有的感情冲击，又要全面到位，以便于每周的应用执行。

最后，你会想要"确认"这三点是不是你最突出的优势。为了帮助你，在这一步的结尾处会有一个"优势测试"。测试全程要融入你的优势陈述，这样你就会发现这三点是不是应该占据你的工作时间和注意力。

发现

在此，如果你上我们的"优势课程"的话，我们会为你提供小便笺本，名为"备忘便笺"。我们无法亲手把便笺本给你，所以我们从中拿出几页放到了本书的后面。把书翻到后面你就会看到在灰边的页面上写着"我喜欢做……"，在花边的页面上则写着"我很痛恨做……"。下周把这本书随身带着，只要发现自己在做让你有以下感觉的事情，就马上在灰边便笺纸上把它记下来。

强大

信心十足

自然

流畅

焦急不安

情绪高涨

兴奋不已

很棒

很真实

"这很容易。"

笨手笨脚

"什么时候能再做一次？"

一旦有上述任何一种感觉，马上把书翻到灰边页面，把你所做的事准确地记录下来。不要等到这一天快过去了才开始记，更不要等到周末，因为那时你根本就记不得最详尽的细节了。一旦体验到一种强有力的正面感应时，当时如果不是正在谈话，那么马上打开书，把你正在做的事记下来。写完后再把书放到一边，继续做事。

以此类推，在一周内，发现自己有下面某种感觉，那就把你正在做的事写到花边的页面上。

疲惫不堪

"时间过得好慢。"

"我无法全神贯注。"

挫败感

精疲力竭

迫于无奈

"我头开始痛了。"

"还得多长时间？"

愤怒

无聊

"为什么不让新来的人干这个？"

如果你想添加一些图案，比如一张愤怒的脸，一个向下的箭头，或是一面大旗，这都可以。只要能抓住那一刻的情感，什么图片都可以用。然而无论如何，你要确定的一点是，当你感受到了上述某种负面情感时，马上把你在做的事准确记录下来。

本书前面的使用指南里为你提供了一定的指导，让你知道当你在灰边或花边纸上做记录时应该是什么样的感觉。当然，你所做的很多事情都是中立项，根本没什么好记录的。不必要求自己每件事都得记点什么东西。要耐心等待，直到遇到能让你专心致志的一件事。

为了帮助你起步，下面你会看到几个类似的例子，这是别人在一周里所记下来的。看一下这些笔记，之后开始自己的一周，边做边记。

一周结束时，把你做过记录的灰边纸撕下来（灰边纸留着第4步里要用），把这些纸平放在一个平坦的表面上。把它们进行分类，最正面积极的放在最顶端，依此有序进行排放。然后把最顶端的三张灰边纸拿下来，摆在你面前。

	在做一件我擅长的事情时	在做一件我不拿手的事情时
我在想	"我巴不得能马上开始！" "这太有趣了！" "我愿意这么一直做下去。" "这是我喜欢的拿手好戏。" "这非常适合我。" "你可要来阻止我，否则我可是停不下来了。"	"我讨厌死这件事了。" "这到底有完没完？" "这事看来得一直做下去了。" "谢天谢地这事快要完成了。" "这事我可以不参与吗？"
我感到	强大，充满激情 快乐、热情 自然、真实 很顺畅、信心十足	挫败，萎靡不振 杂乱不已，笨手笨脚 疲惫、沮丧 无聊透顶，心不在焉
我想要	想办法多做一点类似的事。 多学一下这方面的知识。 找到行为模范或是我可以学习的榜样。 寻找那些很擅长做这件事的人。	能躲就躲。 找别人做这件事。 把它推到一边，置之不理。 其他任何事都可以，就是别让我做这件事。

这三件事为你的三条"优势陈述"提供了原材料,仔细研究一下。现在你就要把这三件事,"我曾经很喜欢这种感觉,当……"转变为用现在时表达的"优势陈述":"我感到自己很强大,当……"

我喜欢做这件事

我感到自己很强大,当……
我和大卫·琼斯的公司重新签下了四年的合同。

我很痛恨做这件事

我感到自己很弱势(吃力、无趣),当……
我不得不耐着性子听莎丽·约丹抱怨她店里那些不好用的设备。

我喜欢做这件事

我感到自己很强大,当……
我和我的团队成员们碰面,一起探讨本季度的经营计划和目标。我真的非常喜欢倾听别人讲述如何实现经营目标的一些想法。

我很痛恨做这件事

我感到自己很弱势(吃力、无趣),当……
我跟维罗尼卡谈到她在与丹讲话时差劲的态度、不礼貌的肢体语言。我讨厌与人面对面交谈!

我喜欢做这件事

我感到自己很强大,当……
我想出一个很棒的电邮营销活动方案,推广一种新的"天使食品服务"。

我很痛恨做这件事

我感到自己很弱势(吃力、无趣),当……
我不得不住数据库里手工输入客户姓名与联系方式。这太无聊了!

一探究竟
GET CLEAR

阐明

一周下来我发现了三件事。我曾在一张卡片上写道,"我采访了罗莎,一位很有趣的女士。"罗莎是汉普顿宾馆的客房管理总监,宾馆位于洛杉矶国际机场。她手下有13位管家,她的管理方式也多种多样,如,顾客满意评分,员工流失率、损失工作日等,她在这方面很有一套。

在另一张卡片上我写道,"准备Chick-fil-A集团的演讲。"那一周我要准备一个针对众多Chick-fil-A宾馆运营商的演讲。演讲还没有做,我只是在准备。但是在准备的过程中,优势的一些标记似乎就开始显露出来了。

第三,我研究过并读过一系列关于新西兰橄榄球队的文章。该球队因其队服颜色而取名为All Blacks。球队就像是一个谜,神奇不已。尽管源自于一个小国,All Blacks已成为过去100多年里最成功的职业运动队,一个世纪里的获胜指数高达0.733。

从本质上说,发现这三件事非常有用,因为正如上面刚看到的,这三件事是我的强势。但是,这些事又太过独特,不可能对我周周都有用。很显然,我并不需要每周都采访罗莎,或是看一些与All Blacks有关的文章。

只有我能特意将我的工作时间更多地用在优势上,我的工作效率才能最高,因此,我所需要的就是清楚描述自己的优势,让我自己、我的同事和经理都清楚，我应该在哪方面上多花点时间。我应该学习哪些新技能，我应该寻找哪类项目？等等。但是优势的描述应该要非常全面才行，这样可以应用于每周不断变化的情境中。简而言之，我需要清楚阐述最顶端三张灰边纸所写的内容精髓，同时又不失其独特性。

这样做的话，首先你必须将你陈述所用的时态由过去式（"我曾经很喜欢这种感觉，当……"）变为现在式（"我感到自己很强大，当……"）。这很容易做到的。

其次，你必须准确辨明这件事哪些方面是关键一环，需要保存下来，以使这件事在未来几周内也能像本周一样，产生同样积极向上的情感。如果这听起来像是很微妙的自我分析，那就要用心去做。你并不需要一名受过训练的心理学家把这件事变为某种心理学试验。对于最顶端这些灰边纸，你所要做的就是问自己四道简单的"……重要吗"这样的问题：

1．"为什么做这件事"重要吗？
2．"我和谁、对谁、为谁做这件事"重要吗？
3．"何时在做这件事"重要吗？
4．"这件事与什么有关"重要吗？

利用这四道问题，你会很快发现这件事的哪些方面真的很重要，因此，如果这些方面会让自己在接下来几周都会感到很强大的话，当然就要把它们写出来；相反，有些方面则无关紧要，可以忽略不管。

打个比方，拿我的第一张灰边纸来说，"我很喜欢这种感觉，当我采访罗莎时"，通过这几个问题，我得到了以下结果：

问题1："为什么做这件事"重要吗？

回答：不。我做这次采访可以是作为书目调查项目的一部分，或者是为了演讲做准备，或者是帮助罗莎变得更加有效率。这并不重要。无论是哪种原因都会让我感觉很强大。

问题2："我和谁、对谁、为谁做这件事"重要吗？

回答：是的。我好像只喜欢采访那些工作表现卓越的人。我也不知道为什么，就是喜欢。

问题3："何时在做这件事"重要吗？

回答：不。何时发生并不重要，不管是在一天的开始还是结束时，不管是在调研项目开头或是中间，这总是会让我感觉很强大。这也一直是我渴望的东西。

问题4："这件事与什么有关"重要吗？

回答：是的。如果是让我采访罗莎在工作方面的人际关系，或者她的职业追求，又或者是她的政治信仰的话，这并不会让我感觉很好。而只有在采访她为何能取得这么卓越的工作表现时，我才会感觉很棒。

所以，把这四个答案合并起来，我就能从我所写过的一张灰边纸"我很喜欢这种感觉，当我采访罗莎时"，得出一个精心打造

的"优势陈述",即:

S	**"优势陈述"卡**
	我感到自己很强大,当……
	我在采访一个工作表现卓越的人,并探究他卓越背后的原因时。

现在,我终于从我的优势中得出了一个观点,它马上得到了情感上的共鸣与肯定,但同时仍能给我很实用的指导,让我知道下一周我在哪方面要多做一些。

如果你对灰边纸与"优势陈述"之间如何过渡仍不太清楚的话,这还有一个例子。在第二张灰边纸上,我是这样写的:"我很喜欢这种感觉,当我在为Chick-fil-A运营商演讲做准备时。"把这张灰边纸融入那四道"……重要吗"的问题,我得到了下列结果:

问题:"为什么做这件事"重要吗?

回答:是的,原因有二。第一,我不喜欢只是单单为整理我的想法而做准备。只有这次准备的结果会成为某种演讲,这样在准备时我才会兴奋起来。没有演讲而做的准备对我没有任何兴趣可言。第二,准备与演讲最好能成为某个更大的项目或任务的一部分。如果我仅仅是为了一次演讲而做准备,这只会让我困扰不安。

不论是对是错，这只会让我感觉很糟，我会把它看成单纯的娱乐。

问题："我和谁、对谁、为谁做这件事"重要吗？

回答：对，也不对。说不对，是因为我不在乎谁是听众。我曾在一屋子儿科医生面前演讲过，也曾为一屋子少年犯们做过演讲，这两组人都让我很有激情。但是说对，我指的是"我对谁做这件事"，听众群越大，我就越有激情。准备一场对六个人做的演讲既让我不安，也让我感到无聊。如果把这个数乘上一千的话，我就立马来了精神。

问题："何时在做这件事"重要吗？

回答：不重要。和我的第一页灰边纸上写的一样，何时做准备并不重要。可以在飞机上也可以在图书馆中做，可以早上8点钟也可以夜里11点。在思考整个演讲的过程中我总是感觉很强大。

问题："这件事与什么有关"重要吗？

回答：是的。如果是为新的演讲做准备的话，准备的过程会和演讲的过程一样让我疲惫不堪。有的人喜欢从最开始做起，但我不是，如果让我从最开始着手、调查、做演讲的话，这只会让我体力透支。全新的领域，从未做过的事，这可能会让你充满激情，但这只会吓退我。只有当我的准备与演讲涉及到我非常熟知的话题，并且可以进一步拓展这些知识时，我才会达到最佳状态。从本质上说，我就像是只刺猬，在一些小的方面懂得很多，而不是狐狸，博学多闻。

把这些答案综合起来就可以把灰边纸上的"我很喜欢这种感觉，当我在为Chick-fil-A运营商演讲做准备时"转变为下面这条"优势陈述"。

S "优势陈述"卡
我感到自己很强大，当……
我做演讲，但只针对大的听众群，只围绕着我非常熟悉的主题做，只在我完全准备好了并知道我的演讲会进一步推进一项任务时。

正如我之前所描述的，这一陈述看起来可能有点普通，但对我来说这是威力十足的阐述。它既揭示了我的优势和实力，也让我知道在每周的工作中，要想效率最高需要做哪些事。

从你排名最高的三张灰边纸中抽出一张，问自己这四道"……重要吗"的问题，接着写下你的"优势陈述"。如果对这个陈述满意的话，重复这个过程。

现在你应该有了三条"优势陈述"，这均来源于你一周的工作，并生动捕捉到了那些让你觉得很强大的事情。好好看看这几句话。简单地说，你接下来一年的目标就是，每周都要更加有效地利用你的每一点优势。

确认

在你开始展开行动前,即如何向同事解释你正在做的事,如何说服老板来帮助你,如何保持在你的优势轨道上,你先是要把你的三条陈述放到下面的优势测试中去。

优势测试

寻找优势标志
1~5五个程度,1=非常不赞同,5=非常赞同

S = 成功(Success)

1. 在这类事情上我已经取得了极大的成功。　　1 2 3 4 5
2. 其他人经常对我说,我在这一类事情上很有天分。　　1 2 3 4 5
3. 我曾因为做这一类事情而得过奖或是得到过认可。　　1 2 3 4 5

I = 直觉(Instinct)

4. 我每天都做这一类事情。　　1 2 3 4 5
5. 我经常会主动做这一类事情。　　1 2 3 4 5
6. 这一类事情总让我很兴奋。　　1 2 3 4 5

G = 成长(Growth)

7. 对于这一类事情我上手很快。　　1 2 3 4 5
8. 我发现自己每天都在思考这一类事情。　　1 2 3 4 5
9. 我迫不及待想学习新技能,把这一类事情做得更好。　　1 2 3 4 5

N = 需求(Needs)

10. 我总是期待着做这一类事情。　　1 2 3 4 5
11. 回想之前做这一类事的经历总是很有趣。　　1 2 3 4 5
12. 这一类事是让我最有成就感的事情之一。　　1 2 3 4 5

人们可能不会相信你能够准确评估自己的优势,但他们肯定会相信你能够正确判断出自己的情感。这项测试要求你对一些关键领域进行情感打分,这些分数会让你确认,或让你去质疑,每一条"优势陈述"是否是你的优势。

先从第一条陈述开始,接着就是第二、三条。

看看分数能不能达到53或以上。不论什么事情,只要得分在这个级别上,那么它不仅在你体内燃烧着激情,你更是非常专注地在学习、运用这件事,并使别人意识到了你的成功。分数达到53或以上的话,那就肯定是你的优势。这是你的竞争优势的来源之一,这也应成为你接下来几周或几个月里的重心所在。

那如果分数在45到52之间呢?你应该把这一项丢掉,重新回到你的灰边卡片找一找别的事吗?这取决于是哪些问题把分数拉下来了。如果前三个问题分数低,而I、G、N这些问题得了高分的话,这就说明这是你的优势,但到现在你还没有有效地运用它。你有很强的兴趣,但你目前尚未将其转化成能够吸引同事和经理注意的业绩。所以要专注于这件事,严格要求自己,找到必要的技能和知识,不断练习,这样很快你就会看到自己的业绩表现开始得到关注了。

相反的是,如果是你对问题4至12的回答拉下了分数的话,那么很可能它就不是你的优势。它缺乏一种急迫性和非常积极的反应,也缺乏优势应具备的特征。那么仔细看一下这件事。为什么对很多问题都没有打到5分"非常赞同"呢?或许你没有非常正确地把这件事说明白;或许在你的"优势陈述"中遗漏了一个关键因素,如果把它加进去的话可能分数就能从4分变成5分了。先别急着把这项丢掉,马上回过头看灰边卡片,想想是不是有可能遗漏了哪个小细节。回过头找一下,然后用这条陈述再做一次测试。

如果这件事的分数低于46分的话,那么它极可能不是你的优势。那要是这样的话,它怎么会跑到你的灰边卡片上了呢?或许是上周对你来说不具代表性,如果这是理由的话,那重复一遍"发现"的过程,看一下在这一周里,你的灰边卡片上是否出现了不同的事情,接着阐述、确认这些事,看一下你的分数。

如果上两周称得上是有代表性的工作周,而且你所发现的这些事的分数没有超过46分,那你的问题可能就更大了。你可能停留在一个错误的职位上。事实上,在一周里,你一直紧密留意你对特定事情的感受,但你却没有发现到能让你在优势测试上打出5分的事情,那就得开始敲警钟了。"错误职位"的理由可能很多:当时你只有这一个选择,这是通往其他职位的跳板,薪水很好。认真对待你的兴趣,开始规划你的出路。

年复一年,你的"优势陈述"会一直保持不变吗

当然不会。正如在上一步里描述的,你个性中最具主导地位

的主题,如优势识别器所测试的天赋主题,不管时间和情境怎么变,它都会保持不变。但随着你所面临的特定情境发生变化,这些天赋会以不同的方式展示出来。

举个例子来说,我排名前五的天赋之一是"概念化",我总是渴望找到一些能解释大多数事件的核心概念。优势识别器的研究强烈暗示了我以后会一直是这个样子的,不管情况怎么变,我总是会努力挖掘现象的本质,探究事情的起因。然而,这一主题创造出的优势当然会不断改变。

刚工作时,我负责设计求职面试,筛选合适的候选人。我仍记得当初自己多喜欢把焦点组访谈的手稿进行分类,寻找种种线索作为我采访时的问题。如果当时让自己体验这个"发现—阐明—确认"过程的话,我知道我的"优势陈述"之一应该是:"当我仔细阅读这些手稿,寻找完美的问题时,我感觉自己很强大。"现在,正如你所看到的,我的"优势陈述"已大有不同了。

这一不同并不代表着我的个性已经变了,在我的职业生涯中,我一直有很强的求知欲,并且这一求知欲为我带来了新机遇,也把我送到了新的职位上,当然,这些机会有好有坏,结果不一。所有的经历都融入了我的体系之中,经历了某种形式的更新,并创造出了优势,即,让我感觉自己很强大的事情,这些优势与10年前相比有所关联,但已发生了变化。

这在你身上也一样。你的个性中的核心部分仍会保持不变,但随着时间的流逝，外部世界会向你施压，你需要承担新的责任；或者你也会向外部的世界施压，渴望新的经历与新的挑战，你想吸取所有一切，努力做出一点有意义的事。

当然这也存在风险，那就是，你会感到很迷茫，不知道自己的优势是什么，你会把自己的工作周用那些让你打不起精神的事塞满，你会越来越不清楚用哪些事开始你的工作周。

为了克服这个问题，你需要运用一下刚刚学到的"发现—阐明—确认"过程，并做到一年两次。选出一周，发现自己对这一周事情的情感反应，然后阐明、确认你所发现的结果。为了控制好你的工作时间，你必须要知道你的目标，你想把你的工作时间用在哪方面。一年两次的情感体验会锁定你的目标。

填写下方提供的卡片，之后把它复印出来，放在写字台、墙上或其他显眼的地方。无论你选择哪种优势陈述，都要认真对待，将它们拿出来，重点强调，把它们直接留在你的视野范围内。

S	"优势陈述"卡
	我感到自己很强大，当……

S	**"优势陈述"卡**
	我感到自己很强大,当……

S	**"优势陈述"卡**
	我感到自己很强大,当……

海蒂弄清真相

当海蒂在做这个"发现—阐明—确认"的程序时,她有了一个令人吃惊的发现:一周下来,她的花边卡片比灰边卡片可多多了。这些卡片摊在桌前,解释了为什么她的状态不好,为什么她每天都对第二天的工作充满恐惧与排斥。她依然热爱工作中的一些大事：汉普顿品牌，餐饮业的使命，她与同事、老板间的关系。但她对那些琐碎的小事深恶痛绝：不断给出了状况的宾馆总经理们打电话，与那些不相信汉普顿百分百满意度承诺的经理们争论，等等。

奇怪的是，她坐在桌前盯着这堆花边卡片看的时候，她突然意识到，这些卡片让她很感安慰。这些花边卡片标志着她在工作和公司中并未过度透支。她只是工作内容有问题，而且问题还不小。有实例为证：每周所做的事都是以错误的方式进行的，这也说明了为什么仅凭增加工作时间无法让她走出这个瓶颈。更多的工作时间不过意味着更多的花边卡片罢了。

为了挖掘花边卡片的深层含义，她拿起了为数不多的灰边卡片，看看自己在上面写了些什么。最近她越发感到自己的工作找不到闪光点，但在这儿，这些优点闪闪发光，它们就出自于她的笔下，并指引着她前进的方向。

她把花边卡片推到一边，开始整理灰边卡片了。过了一会儿，她从中找出了最具威力的三条：

"拜访了Buffalo宾馆集团，他们的宾馆拒住率大幅降低。太棒了！"

"再次给新一届宾馆总经理们上课。我很享受这个过程。"

"和约翰一起探讨了他的早饭搭配设计。这家伙不错，想法很棒。"

海蒂把这三条都放入了"……重要吗"的问题中去。思来想去并经过精心遣词，她写下了以下三条"优势陈述"：

ⓢ "优势陈述"卡

我感到自己很强大,当……

我帮助宾馆经理管理一家好的宾馆或宾馆集团,并使之成为行业的 NO.1。

ⓢ "优势陈述"卡

我感到自己很强大,当……

我看到团队成员接受并采用我的想法。

ⓢ "优势陈述"卡

我感到自己很强大,当……

我逐步了解、熟悉这些总经理及业主们。

一探究竟
GET CLEAR

再读一遍这些陈述时，海蒂毫不费力就知道了自己的真实想法，在哪些情境下适用，哪些情境下不适用，这就像大家看待个性测试结果时一样。因为这些陈述都来自于在这常规工作周中自己的切身感受，所以她能够很精确地知道所指的到底是什么：哪些宾馆经理是她牢记在心的，她与同事分享了哪些想法，他们又是如何进一步改进这些想法的；哪些业主是她非常熟悉的，她和他们认识了多长时间，何时认识的，他们何时、为什么加入汉普顿的。

对她而言，这些陈述是再平常、再熟悉不过的了，就像是她从小到大一直住的房间，又或者是她上学路上的交通路线。在过去几年来，她一直忘记了这些，相反地，它们就像是被一双双无形的手一直推着，每周往桌子的一边推移一点，终于有一天，它们被推到了桌边，落在地上，摔了个粉碎。

把这些写下来，就像是她弯下身，把它们重新拼起来，又放回到了桌前。

现在，她坐在桌前盯着这三条"优势陈述"，并思索着如何能使之成为自己工作的核心。

充分发挥你的优势
FREE YOUR STRENGTHS

你如何充分利用你的优势?

GO PUT YOUR STRENGTHS TO WORK ▶

我希望你现在已经发现、阐明、确认了三条"优势陈述"。如果你已经这样做了，并且做的方法也对，那你的世界现在应该已经有所变化了。你不再对你的老板或公司心怀不满，虽然不清楚为什么会这样，不再找种种借口，工作上不再拖拖拉拉了。看着这三条"优势陈述"，你就知道自己的优势到底是什么了。你知道如果能充分利用这三大优势，你会贡献更多、容忍更多、支持更多、创造更多。如果这个世界对你急推猛拉，你清楚，自己的这些优势会让你始终专注如一，站立不倒。看着自己的"优势陈述"你就会清楚自己的强势在哪里。

因此你想要有所行动。你有点不耐烦了，迫不及待想做点事。最近你一直在很努力地工作，但你净做了些"分外的事"，或至少你的"分内事"做得不够多。看看你的"优势陈述"，你就知道你可以更好地控制自己的工作时间。你知道，你对自己的时间分配更加准确和严格。对你而言这可能非常简单，仅需更改一场会议或一个计划表，或是打这个电话而不是另外一个，在这个人而不是那个人身上多用点时间。这并不难，你也很清楚这一点。你现在就想行动起来。

如果你是这样想的话，那就对了，兴奋，急于有所行动，甚至有些愤怒，这些都是正常反应。当然，对于你正在考虑的这些行动而言，最美妙的一点就是，让你的优势得到自由发挥恰恰需要你多做一些很自然的事。事实上，在筛选优势时关键的标准之一就是，它们对你来说是很自然的事。现在你所要做的就是将一部分压抑着的能量释放出来。你心想这应该很简单,不费吹灰之力。

事实并没这么好。接受、培育这些情感，努力重新掌控自己的工作时间，绝非易事。总有一些强大的力量在牵制着你，让你远离自身的优势：比如顾客的需求、同事的要求、老板的期望和你自己的职业梦想。这些力量永远不会，也没道理会完全消失。对你来说，关键问题是"我如何准确利用自己的优势来满足顾客的需求，倾听同事的要求，满足或重新协调老板的期望值，实现自己的职业梦想呢"，对这些问题的回答当然不会太过费劲，但也没那么容易。这个世界很可能会对你和你的优势漠不关心。

最极端的回答就是，唯一能自由发挥自己优势的方法就是离开自己现在的职位，或者离开"理念不合"的老板。在有些情况下，这是个不错的策略，但这只作为第五项行动方案。下面四项个性鲜明的策略则是你首先要考虑的：

1. 在现任职位上，准确认清每个优势是如何帮到你，哪里帮到你了。

2. 在现任职位上，找出曾经错过了哪些发挥自己优势的机会。

3. 学习新技能，提高自身的每一个优势。

4. 朝着自己的优势打造你的工作。

之后你将会挑战自我，采用上述策略，你会逼着自己想出一些自己能做的特别的事情，让你在这一周比上一周更能充分发挥自己的优势。如果给了自己上述这四个机会后，你仍认为离开现在的工作是唯一办法的话，那么你这么去做就对了。

只是要记住，离开应该是你最后一个选择，而不是第一个。

在应用上述这些策略之前，先看下海蒂是怎么做的。她由强变弱、由弱变强的经历肯定会不同于你，但可以为你提供一些借鉴。看下她的故事，从中找出一些相似处。海蒂不会降低你的热情，相反会更让你激情四射。

海蒂是如何变弱的

19年前，海蒂还在读大学时，就以文员身份加入了汉普顿宾馆。毕业后，她接受了经理助理的职位，一年后，她被任命为汉普顿宾馆San Antonio/Six Flags的总经理。在这一职位上，她工作起来如鱼得水。她每天要做的事——确保供应早餐的地方看起来要展示出高品位和应有的待客之道，管理众多个性迥异的员工，在登记入住时问候客人——这些都让她感觉很强，很有成就感。

海蒂担任总经理期间取得了不凡表现，这也引起了汉普顿总部的注意，所以她也理所当然得到了晋升，调离了一线。审计部的这份新工作当然让她很感兴趣。海蒂在大学期间学过会计，她心想，尽管她很喜欢做宾馆运营方面的事，或许她应该把她所受的大学教育更专注地用于实践工作中去。还有一点，她是个很有野心的人。

海蒂对Excel的熟练使用以及对汉普顿宾馆分店如何运作的深入理解，使她迅速得到了认可，很快又晋升为公司会计部的财务分析师。

到目前为止，一切都在意料之中。一个聪明、有上进心的员工在一线上认真工作，接着得到了一个机会，可以将实践经验与之前的教育结合起来。在你身上可能也发生过，或将会发生类似的事。

海蒂现在遇到了她的第一个职业瓶颈，在你的职业生涯中也可能会遇到的（相似点到此为止，因为海蒂对此事的回应并没有按照传统套路来）。新职位的兴奋劲一过，她就开始体验现实的滋味。她整天盯着一堆报表看，仔细查看数字和图表，把它们整理、计算出来。她当然能够胜任这项工作，但她意识到她再也不能像过去那样经常与员工和顾客交流、沟通了。海蒂很注重人际关系，她是那种想了解手下每位员工个人生活，甚至与老顾客做朋友的总经理。日子一天天过去，她却一直没有这种交流机会，她很想采取行动。

因此海蒂，一位处于快速上升阶段的高级财务分析师，在Bed Bath & Beyond接了一份兼职，担任顾客服务代表。她身着制服，戴上对讲机，每个周六、周日早上7：30过来上班，处理日常事务。

现在你要是问起这件事，她会开玩笑地说"是为了折扣而去做的"。但再问她一下，她坦白道，她之所以做这份兼职与薪水待遇无关。真正的原因是，自从不能再与形形色色的人打交道，海蒂感觉到些许空虚。尽管她当时还不知道，通过什么途径能清楚她到底为什么这么喜欢和别人打交道（这是她在"优势陈述"中写下来的），但她优势中的直觉一直推动着她前进。

对海蒂来说，在Bed Bath & Beyond做兼职是明智之举吗？不见得是。要知道，海蒂并不是在和所有人打交道时都会感觉很棒的（尽管从一般意义上说，和别人打交道是她生命的一部分），只有以下这三点才能让海蒂感觉很强烈：

1. 帮助一位宾馆经理管理好一家宾馆或宾馆集团，并使之成为行业的No.1。

2. 人们听取了她的想法，并为己所用。

3. 她逐渐了解和她愉快共事的总经理和业主们。

"顾客服务代表"这一角色并没能让她发挥这些优势。的确，她每天都能遇到很多人，但她每天真正的职责却是为这些人解决问题，而不是帮助谁由"一般"迈向"卓越"，不是分享她更好的做事方法，更不是打造人际关系。客人打电话询问房间的百页窗在哪儿，这就是她的工作之一。真正的人际交流根本不存在。

和你一样，海蒂优势的强大威力也源于她优势的独特性。她的顾客服务角色当然满足了"优势陈述"中的"与人打交道"的因素，但含量却少之又少。她对这个角色的争取实际上是她在疯狂地寻求帮助，却最终偏离了方向，昙花一现。

这就有了一个教训：如果你想成为20%中的一员，即，成为大多数时候都能发挥自己优势的人，不要接受一个"很接近但根本不是你的优势"这样一个工作，不管你多么想做都不要去做，不然你很快就会有挫败感。又或者，如果你现在所处的状况很糟糕，你不得不换个环境，但这种"很接近但根本不是你的优势"的工作，只是一个临时避难所罢了。

海蒂的热情很快就消退了。尽管不知道怎样精确描述出她到底失去了什么，但她知道，Bed Bath & Beyond的对讲机根本无法填充她的空虚感。她放弃了这份兼职，又全心回归了汉普顿，积极思考目前的处境。这份工作似乎很完美，因为它把海蒂摆在了一个交叉点上，既能创建人际关系，分享理念，又能提供帮助。此外，这份工作也能让她用到双重知识：她拥有的由业主与经理们所管理的宾馆的第一手运营经验；汉普顿公司的创新项目和绩效要求，她在汉普顿总部工作期间就非常熟悉了。海蒂当时心想，或许这份工作之前的所有职位都是"铺砖石"，正好都用上了。如果你在海蒂刚就任这个新职位时碰到她的话，你会觉得她是一个精力旺盛，对未来充满激情的年轻女性。

遗憾的是，这种感觉只维持了不到一年时间。当时汉普顿品牌总监的工作重点就是努力振兴那些业绩最差的宾馆。这些宾馆运营如此之差，通常离不开这几个理由：他们无视公司总部在全公司范围提出的策略指导，他们的管理很差，他们不理睬那些努力想帮助他们的品牌总监。

由此就出现了前面所称的"宾馆追击战"，海蒂想帮助这些出了问题的宾馆走出困境，不管他们听不听，她还是会与他们分享种种想法，并试着与那些根本不屑于接她电话的人创建人际关系。她的悲惨处境可见一斑。

你现在已经知道了她那三条"优势陈述"，所以她的这一尴尬处境挺明显的，甚至说是有点荒谬。"哇，难怪她会这么沮丧了！她让自己陷入了一个根本无法施展自己优势的泥潭中。"

但设身处地来想一下，要知道，海蒂当时并没有发现、阐明、确认她的优势。她只是每天在做着自己的工作，并且干劲十足。她发挥着自己的优势，并且做得非常好。但不知道为什么，她慢慢地没了兴趣。在她看来，每周她都被埋在一大堆事情中，这让她更难以找到出路。

并不是她的感觉出了问题，而是大家的普遍想法就是，事情发展太过容易，那么这件事就不是那么有价值了，我们总是钦佩那些"懂得容忍"的人，我们甚至把海蒂这样"打造独特优势——容忍"的这类人，看成是英雄。

海蒂每天的思绪都乱了套。

一天，受普遍观念的影响，她做出了决定："不再抱怨，开始容忍一切，大家会感激我这么做的。"

紧接着第二天，她又在想，她心里所喜欢的、集众多优势于一体的完美工作，仅仅是她过度乐观的幻想罢了。

第三天，她又在想，或许她应该离开这家她已奉献了整个职业生涯的公司。

在状况最糟的时候，她会认为，或许工作根本就没有问题，出问题的是她自己。

这就是本书开头时海蒂的状况。积极、不甘于现状、经验丰富、雄心勃勃，同时也开始心力交瘁。

海蒂又是如何变强的

走出这一瓶颈，这得益于一个新视角和一通电话。

新视角：这份工作本身并没有阻挡海蒂做她喜欢做的事。她所热爱的工作就在那儿，只是隐藏在她所痛恨的那些事中。如果她能改变做事方法的话,她也就改变了她的生活。

所以她发现、阐明、确认自己的优势,接着,一个周一早上,她坐在桌前,拿出自己的"优势陈述",并陷入了深思。

S	"优势陈述"卡
	我感到自己很强大,当……
	帮助一位宾馆经理管理好一家宾馆或宾馆集团,并使之成为行业的NO.1。

意识到这种方法与过去几年来的工作方法的巨大不同,让她大吃了一惊。她没有急着细想接下来的行动计划,而是先拿出一份《汉普顿每周报告》,上面详细记录着她所管辖的宾馆在过去一周里的业绩。她通常会马上扫视一下报告的下半页,但这次,她从最上面,即业绩最佳的宾馆开始看。

这并不容易,以前的阅读习惯像魔石一样吸引着她往下看,但海蒂悄悄与自己做了个交易。她只许看排名前三的宾馆,这些宾馆运作得很好,但某一方面仍需改进。

浏览报告的过程中,海蒂的目光锁在了一家宾馆上,该宾馆多年来在很多方面一直很出色,如每间可出租房收益、入住率、宾客满意度等。但出于某种原因,用汉普顿宾馆术语来说就是,它的"可用式拒租",即有客人想预订一个房间,连续住几个晚上,但由于其中一晚已经预订出去了,所以预订失败。任何的"可用式拒租",对总经理们都是不小的打击,因为这意味着他们不得不拒绝连住几晚的大客户。

海蒂一看到这家特别的宾馆(整体很优秀,但有一个漏洞)就来了兴趣,这样一家有实力的宾馆,她只要略施援助就可以使之成为汉普顿的王牌。海蒂知道汉普顿有很多旨在避免"可用式拒租"的议定书和项目,比如,每周特定的几个晚上设立"最低两晚入住"或者预留几间房间用于多晚入住。海蒂对这些很清楚,但不见得每位总经理都知道这个。

因此海蒂给这家宾馆去了电话,要求和总经理通话。他们先是拉了会儿家常,接着很快提出了过高"可用性拒租"这一话题。她像以往一样,准备用一大串建议来回避对方的攻击,但这次她根本用不着这样做。对方一点抵触心理都没有。

"他们很高兴我给他们打这个电话,并且真心想和我讨论这个问题。"海蒂说,"总经理早就注意到这个问题了,但就是不知道该怎么去解决。"海蒂很早就习惯了那些想解决问题的经理们对她避而不见,或者把她的电话看成是干涉他们工作的"领导",这让她非常尴尬。

现在,这有一位宾馆经理急需她的帮助,他没有放下电话,而是一起讨论种种可能的解决方案,并邀请她下个月过来参观宾馆，继续讨论解决方案。并且这个总经理放下电话后会真正有所行动，将他们意见统一的计划付诸实践。

事实上这对总经理的利益影响不大，因为他们的奖金取决于宾馆的收益状况，但当然还是越多越好。这一收益因素进一步提高了这一解决方案的"三赢"本色。这位总经理得到了他想要的，汉普顿增加了宾馆收益，并使宾客们心情愉悦，这些可量化的增长也使海蒂对这家宾馆的关注有了回报。

"在下周的报告中我能看出来这些变化真的在起作用，因为他们的'拒租率'一路下降，收益则一路上涨。作为一个会计/财务出身的人，我喜欢拿具体数字来证明这些措施的有效性。"当然，如果她的老板对这一新方式提出质疑的话，这也是很好的证据。

这个电话让她重新思考了一下她所管辖的宾馆是如何看待她的。令海蒂高兴的是，这位宾馆经理更多地是把她当成了合作伙伴或是咨询师，而不是上头派来监管运作很差资产的领导。一想到她现在这个新的角色，她就很开心，这让她感觉很好。这次的经历让她兴奋起来，她暗下决心，从今以后，她会尽可能挖掘"公司护航人"这一角色的职责，她不会对所有宾馆全盘照应，而只帮助那些一心想要取得成功的宾馆。她的决心大概是这样的："每天我会给前三名中的某一家宾馆去电话，一起想办法提高它的综合业绩。一天一个电话。这就是我的新起点。"

她也的确这样做了。对于这项承诺，她开始逐渐大幅度地调整她的工作时间安排。每通咨询电话打完后，紧接着会再打一个电话来跟进，这些咨询电话也越发积极与正面，与经理或业主换个方式开会，与老板、同事们换个方式谈话，这样就带来了更佳的业绩与全新的情感。虽然不能说每次，但大多数时候都会有更好的结果，一天天地，她逐步远离了以前的工作，同是一份工作，但处事方法却完全不同。

下面几章里我们会了解一下这些行动和收效。海蒂是如何应对业绩差的宾馆？她是如何让自己不再做那些耗心力的事？她是如何说服老板、同事们和她一起这样做？现在，我们知道了她实现持久高业绩之路源自对一件事的执着与承诺，之后一切越来越好。你也会如此。

你的强势周计划

我们大多数人面临的挑战都与海蒂很相似。像她一样，我们不需要寻找一个完全不同的角色，而是需要找到那些能充分发挥我们优势的角色，然后把大部分时间用在上面。正如导言中所说的，我们需要把优势转变为工作的主体。

要实现这一目标，你需要在你的生活中建立一套特定路线，可以让你朝着自己的优势不断发展。你需要这套路线，因为要是没有这个，你的优势会消失，不再有任何作用。你现在清楚了，你的优势象征着一种永恒的、压制不住、需要释放的力量，而你需要它，是因为你不相信外在世界可以帮你疏导这种力量。这个世界可能并不在意你和你的优势，既可能鼓励你充分发挥优势，又可能在你前进的路上设置障碍，或引诱你步入歧途，陷入迷茫、沮丧……

最有效的路线就是"强势周计划"。

从实际效能和心理学角度看，只有一周的时间才是最完美的选择。如果我让你描述出一个"强势周"的话，你不会只讲你的宏观目标，而是很快说起你想专心做哪些事，想见哪些人，想避开哪些人，想跳过哪些会议电话，想做哪些演讲。而当你在考虑这个强势周，以及这周想做的种种事情时，你也不会觉得这周压力过大而想退缩。相反地，你会觉得一切尽在掌控之中，你可以从容应对这一切，也能够预见这一切。这也就是选择"一周"来做计划的理由。七天一周是你围绕优势打造人生的最佳武器之一。

因此，在每周结束前，或周末，或周一清早，抽出15分钟制订出一个"强势周计划"。正如下面的例子所展示的，该计划非常简单易行。它包括两个指针：一个是向后指，标出上周发挥自身优势工作所占的时间比例；一个是向前指，预测新的一周会有多长时间用于发挥自身的优势上。虽然这些都是你自己的估算，但它们却让你能一直专注于你的走向曲线：你的工作周是变得越来越强还是越弱呢？

这项计划接着会对你提出挑战,即,找出两件特别的事——每周都会做,旨在释放自己的优势(还要找出两件停止自身不足的事,这点我们会在第4步细说)——这两件事不会马上就能改变你的工作现状,但正如海蒂所发现的,如果它们足够特别,而且你能严以律己,坚持照做的话,这样它们就会创造出一点效果,一周周下来,就会慢慢改变你工作时的时间分配方式的。

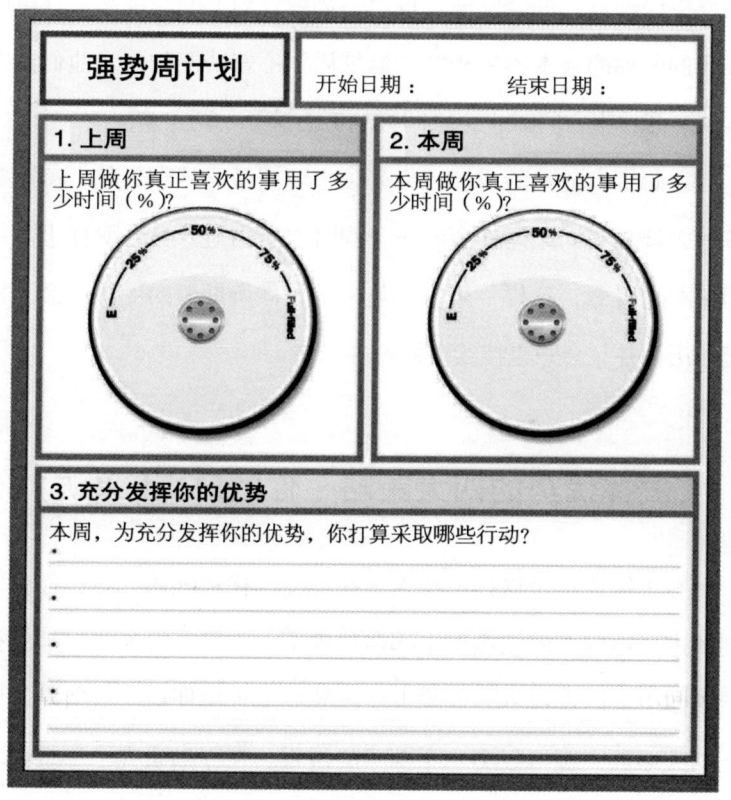

请每周复印一份"强势周计划",并填一下。之后,在接下来一周里,尽你最大的可能(在老板、同事许可的最大范围内)按照计划做事。

用不用我们的"强势周计划"版本并不重要,重要的是自己要有一个这样的计划。看一下你周围那些一直保持卓越表现的人,你会发现,他们每周所做的都充分发挥了他们的强势。这并非偶然。看得更仔细点,你会发现一点"强势周计划"的端倪来。这可能跟我们所列的版本不尽相同,但每周,不管情况如何,他们都会发现一两件事,同时也会以同样的努力避开一两件事。

要想拥有他们的成绩,你必须也要照做。从今天起,每周制订一个计划,向某两件事看齐,同时要努力避开另外两件事。每周都要这样做,这样一来,年复一年,你所期望的变化就会开始起作用,并且会一直持续下去。

发挥优势的四大策略:你的FREE采访

有可能你就是这样一类人,在写完"优势陈述"后,你就立刻知道在这周你应该重点干哪两件事了。如果真的如此,那就得恭喜你了。

大多数人都得经历一个探寻的过程。在仔细研究了那些成功保持"优势轨迹"的人和走了弯路后又回头的人后,我们发现了这一探索过程的清晰走向图。

"FREE"这个单词就很好地体现出了这个走向,其中每个字母都代表了一种"如何发挥优势的策略"。无论何时,只要你发现自己正在努力探寻这周要做哪些能充分利用自身优势的事时,挑出一个策略试一下。

接下来,你会见识到这四大策略。为获得直观体验,接下来,你将看到海蒂在运用每项策略时的经历。

F代表"专注"(Focus)

策略1:看看这一优势如何有助于你现在的工作。

你已经看到了,数据表明73%的人每周会至少使用一次以下的策略(至少一条)。有时我们会把这个给忘了,因此,如果你想下周就能发挥出优势,现在就开始思考一下如何运用这一优势获得成功。

这有四大问题,这有助于你在做事过程中观察自己的优势。

(如果你不想在书上做标记,请登录www.simplystrengths.com,下载FREE采访的完整版。)

每个回答不需要太细,只要写清楚这一优势在哪方面帮到你,怎样帮到你,为什么会帮到你就可以了。为了让你有点概念,135页上海蒂的回答可供参考。

GO 现在，发现你的职业优势
PUT YOUR STRENGTHS TO WORK

优势：

F 代表"专注"（Focus）
看看这一优势如何有助于你现在的工作。

1. 在工作过程中，你何时运用这一优势？
   将这一优势用到什么事情上？

2. 这一优势使用的频率是多少？

3. 何时这一优势被证明对你的工作很有帮助？有什么帮助？

4. 对于这一优势，你收到了什么样的反馈（如果有的话）？

海蒂的优势：

> 我帮助宾馆经理管理好一家宾馆或宾馆集团，并使之成为业界的No.1。

 代表"专注"（Focus）

看看这一优势如何有助于你现在的工作。

1. 在工作过程中，你何时运用这一优势？
   将这一优势用到什么事情上？

帮助一位宾馆经理管理好一家宾馆或宾馆集团，并使之成为行业的No.1。

2. 这一优势使用的频率是多少？

20%的时间。

3. 何时这一优势被证明对你的工作很有帮助？有什么帮助？

每天在与总经理们和业主共事时。

4. 对于这一优势，你收到了什么样的反馈（如果有的话）？

谈论这一个月的成绩，总经理们和业主给我打来电话，很兴奋地谈论近期的巨大变化，并感谢我的帮助。

R代表"懂得放手"（Release）

策略2：发现你现在工作中错失了哪些良机。

几乎可以肯定的是，每个人总会错失某些机遇。没人会故意阻拦你发挥自己的优势，相反地，是你自己没找到正确的立足点。或许你的计划，由于某种原因，让你不得不把大部分时间用在了自己不擅长的方面了；或许你总要参加一些根本没有必要的会议，你应该学着事先把会议做好规划才行。你可以改造出一项程序或协议，以充分展现自己的优势。

不管是哪种情况，你可能都得需要劝服某个人（一位同事或经理），让他们相信结果会说明一切。如果会议、计划或安排的确做了改变，那你和他们将会看到多大的进步？如果别人需要理由的话，你会做何回答？

为了让你就本周要做的事有更多的想法，先问自己这五道问题：

优势:

代表"懂得放手"（Release）
发现你现在工作中错失了哪些良机。

5. 在哪些新的情境下，你可以更多地运用这一优势？

6. 你能改变工作安排，让自己置身于这些情境中吗？要实现这一想法，你需要找人谈吗？谁？

7. 要加速这一优势的运用，你需要尝试哪些新体系或新技术？

8. 你如何测量/记录这一优势的运用程度？

9. 要加速这一优势的运用，你需要尝试哪些新体系或新技术？

GO 现在，发现你的职业优势
PUT YOUR STRENGTHS TO WORK

海蒂的优势：

> 我帮助宾馆经理管理好一家宾馆或宾馆集团，并使之成为业界的 No.1。

R 代表"懂得放手"（Release）
发现你现在工作中错失了哪些良机。

5. 在哪些新的情境下，你可以更多地运用这一优势？
投入更多的时间。
用我的经验帮助他们从优秀走向卓越。

6. 你能改变工作安排，让自己置身于这些情境中吗？要实现这一想法，你需要找人谈吗？谁？
是的，我需要有充足的时间来完成这件事。
不需要找人谈。

7. 要加速这一优势的运用，你需要尝试哪些新体系或新技术？
与业主进行电话会议，了解他们的需求。
使之成为重中之重。

8. 你如何测量/记录这一优势的运用程度？
关注宾馆拒住率，看看收入是否增多。

9. 要加速这一优势的运用，你需要尝试哪些新体系或新技术？
是的，做了太多没有价值的事（打电话催经理们做事）。
多做一点擅长的事，少做一点自己不擅长的。

E代表"教育"（Education）

策略3：学习必要的新技能，打造这一优势。

到目前为止，你应该已经知道本周具体要做哪两件事了。如果真的如此，那就先暂停一下你的FREE采访，在你的"强势周计划"中记下这些事，就此开始新的一周。

如果不是这样的话，或者如果你想让自己探索得更深一点，那就看一下FREE的第一个E。

你自然就能拥有这一优势，这也是你选择这一优势的理由之一，但如果你能专注学习与发展的话，受益会更大。如果你能不辞辛苦，努力学习新技能的话，那么这一优势恰恰就是你成长最快的方面了。我们经常会忘记这一点。在常规工作周里，我们总会注意自己弱的一面，而糟糕的业绩也正源于此。由此，针对业绩糟糕的方面大家拼命去培训，自己感到头大的方面得到了最强的支持。

我们已在第一步中讨论了这一误区的巨大威力。为了缓冲这一误区对你的杀伤力，让自己找到并学习特定的技巧，进一步强化这一优势。主动参加你已经学得很好的课程，发现那些能更好运用这一优势的人，观察他们，请他们吃中饭，工作时留意他们。

你可能会认为其他人会不赞同你"好中求好"的做法，但情况很可能恰恰相反。他们不仅会赞赏你这种做法，更可能会让你有这样一种名声——永远不满足现在的表现,当然,这样的名声对你可不是件坏事。

这有四道问题,你可以借以思考一下如何进一步加强自己的优势。

充分发挥你的优势
FREE YOUR STRENGTHS

优势：

E 代表"教育"（Education）
学习必要的新技能，打造这一优势。

10. 要发挥这一优势你需要学习哪些新技能？

---

11. 学习这些新技能需要采取哪些举措？是不是要读一些书，上一些课，或是上网做些调查？

---

12. 工作时，你的学习对象是谁？

---

13. 你可以和谁一起讨论"如何更有效地运用这一优势"（比如，朋友、老师、经理或者导师）？

141

GO 现在,发现你的职业优势
PUT YOUR STRENGTHS TO WORK

海蒂的优势:

我帮助宾馆经理管理好一家宾馆或宾馆集团,并使之成为行业的No.1。

代表"教育"(Education)
学习必要的新技能,打造这一优势。

10. 要发挥这一优势你需要学习哪些新技能?
暂时想不起来有什么。

11. 学习这些新技能需要采取哪些举措?是不是要读一些书,上一些课,或是上网做些调查?
调研——看看有没有一些业内最佳举措可供借鉴。

12. 工作时,你的学习对象是谁?
看我的姐妹、朋友们是怎么做的。

13. 你可以和谁一起讨论"如何更有效地运用这一优势"(比如,朋友、老师、经理或者导师)?
乔治娅——我的经理。

E代表"拓展"（Expand）

策略4：围绕这一优势拓展你的工作。

最后，考虑一下这个想法——你可以积极朝着这一优势拓展你的职业道路，并让这一优势越来越成为你工作的中心。

比如说，你怎么运用这一优势把你总结的一些技巧、心得教给别人？要想使你的优势成为工作的中心，最好的方法之一就是，围绕着工作得出新的想法，接着再与同事们分享这些想法。在做这件事时要小心一点，以免落得个"好为人师"的称号。只要你将此牢记在心，你会惊奇地发现大家会多么赞赏你的这一首创做法，并随之对你有更高的期望值。这当然是件好事，毕竟他们要你做的就是进一步发挥你的优势，而这也正是本练习的重点所在。

如果你担心自己不是一个很棒的老师，或者你不会经常想出新点子，你不是一个特别有创造力的人，牢记这一点："优势的美妙之处就在于它使你达到了创造、创新能力的巅峰。"

当你运用自身优势时，你的大脑运转得更快，由此你会不断想出新的做事方法。正因为喜欢运用自身优势，你才会不断尝试这些新的想法，看看哪些行得通，哪些又行不通，然后对这些想法再做更改并付诸实践，依次类推，不断完善。你不是因为有人告诉你你才去做的，而是因为你情不自禁，你也很可能会因此而大获好评，大家也很可能会让你多做一些这类的事。

现在，既然你能将这一优势运用自如了，那就让身边的人（你的老板、人事部、同事）考虑一下这个疯狂的想法，即，你的工作要进行改变，使自身优势几乎成为工作的中心。甚至他们在考虑这一想法前，你必须真的先让自己将优势发挥得淋漓尽致，并有足够的证据来证明自身的进步。不管他们的反应如何，自己心里要一直有这种想法。

《首先，打破一切常规》以篮球明星丹尼斯·罗德曼（Dennis Rodman）为例。他在球场上是公认的篮板王，以至于别的方面施展不开。罗德曼已经退役很久，但我最近又注意到另外一位高手，那就是英格兰的足球明星大卫·贝克汉姆，他面对一排防守队员，可以在35码远的地方凌空一脚，将球打入球门右下角，最终以1：0击败厄瓜多尔队。就我所见，他在球场上除了这致胜一球并没有别的什么显眼之处。在下一轮比赛中，虽然英格兰队因点球大战不敌葡萄牙队，但纵观整个世界杯赛事，贝克汉姆证明了他自身的价值。他的长距离任意球脚法娴熟，并成为他的标志性动作。

在第5步你会知道，海蒂以及她部门里其他人的职责近期已大幅拓展，使每个人的自身优势成为其工作的中心。

优势：

E 代表"拓展"（Expand）
围绕这一优势拓展你的工作。

14. 你如何与别人分享在这一优势方面的最佳做法？何时分享？

15. 你如何拓展你的工作范围，以更好地利用这一优势？

GO 现在，发现你的职业优势
PUT YOUR STRENGTHS TO WORK

海蒂的优势：

我帮助宾馆经理管理好一家宾馆或宾馆集团，并使之成为业界的 No.1。

E 代表"拓展"（Expand）
围绕这一优势拓展你的工作。

14. 你如何与别人分享在这一优势方面的最佳做法？何时分享？
和简分享这一理念。
下周和她见个面。
让她就"如何利用自身优势"进行思考。
让她就"如何评判结果"进行思考。
想出一个方法，使自己不再做那些不喜欢的事。

15. 你如何拓展你的工作范围，以更好地利用这一优势？
减少自己不喜欢做的事。
增加自己喜欢做的事。

在149页你会看到所有这15道问题，而在网站https://standout.tmbc.com 上你也会找到同样有用的指导。

这些问题并没有唯一正确的答案，但这并不代表就没有答案。你并未完全受你的公司、经理或一项严格的工作描述所支配。你可以采取很多行动来改变这项工作描述，使之能充分发挥出自己的优势。因此，每周都要逼着自己去想，这周具体要做哪些事。填完你的"强势周计划"，如果你不知要做些什么，那就做一遍FREE采访。办法总是会有的，而这些好的问题会帮助你找到一个完美的解决办法。

问询朋友

有时其他人会帮你找到答案。第5步中我们会做详细说明，但现在我们要清楚的一点是，让你的一位同事问下你这些FREE问题，或许会让你受益。你可能属于这样一类人：散漫，缺乏自制力，需要别人把你拉回来，催促你寻找到强有力的回答；又或者你的个性跟海蒂差不多，需要有别的人介入你的生活，需要那些很了解你的人密切监视着你，给你提难题，期待你做到最好。如果真是这样，你会发现这些FREE问题就像是一次真实的培训采访一样，非常有效。

然而，在与同事做FREE采访前，有三件事你必须得向他交代清楚：

第一，告诉他，有些问题如果你的回答是"NO"是没有问题的。FREE问题的目的在于帮助你找出下一周要具体做哪些事。如果某一问题激发不出任何想法的话，那没有关系，接着问下一道（正如你所看到的，海蒂在她的采访中对其中一些问题就写了"NO"）。

第二，告诉他，你希望他能帮助你想出下周具体要做哪些事。有了这样的想法，他就不会放过你一些很模糊的承诺，如"我会尽力在那方面多做一些"，或"我必须在这方面做得更好"。对于"更多"、"更好"、"更努力"这些字眼应提高警惕，马上接着问他这样的问题："是的，但你打算具体做些什么？"

最后，告诉他，有时人们会对你及你的优势判断失误，他们可能会认为你有一点自我为中心，你在试着逃脱我们每天要忍受的平凡生活，解释为什么要这样做。

再次提醒一下，这就是释放优势的四大策略。每一周，如果你发现自己很难知道要做哪两件事时，那就看一下每一策略所列的问题，以启发你的灵感。你总会想出办法，推动自己不断向你的优势迈进。

| F | 代表"专注"(Focus)
看看这一优势如何有助于你现在的工作。 |

1. 在工作过程中,你何时运用这一优势?将这一优势用到什么事情上?
2. 这一优势使用的频率是多少?
3. 何时这一优势被证明对你的工作很有帮助?有什么帮助?
4. 对于这一优势,你收到了什么样的反馈(如果有的话)?

| R | 代表"懂得放手"(Release)
发现你现在工作中错失了哪些良机。 |

5. 在哪些新的情境下,你可以更多地运用这一优势?
6. 你能改变工作安排,让自己置身于这些情境中吗?要实现这一想法,你需要找人谈吗?谁?
7. 要加速这一优势的运用,你需要尝试哪些新体系或新技术?
8. 你如何测量/记录这一优势的运用程度?
9. 要加速这一优势的运用,你需要尝试哪些新体系或新技术?

| E | 代表"教育"(Education)
学习必要的新技能,打造这一优势。 |

10. 要发挥这一优势你需要学习哪些新技能?
11. 学习这些新技能需要采取哪些举措?是不是要读一些书,上一些课,或是上网做些调查?
12. 工作时,你的学习对象是谁?
13. 你可以和谁一起讨论"如何更有效地运用这一优势"(比如,朋友、老师、经理或者导师)?

| E | 代表"拓展"(Expand)
围绕这一优势拓展你的工作。 |

14. 你如何与别人分享在这一优势方面的最佳做法?何时分享?
15. 你如何拓展你的工作范围,以更好地利用这一优势?

阻止你的弱势
STOP YOUR WEAKNESSES

如何甩开你不喜欢做的事情？

GO PUT YOUR STRENGTHS TO WORK ▶

GO 现在，发现你的职业优势
PUT YOUR STRENGTHS TO WORK

你最大的弱势在哪里

当你面对让你感到空虚疲惫的各种日程安排的花边便笺时，你该如何是好？也许你想一把火烧了它们，看着一张张纸片在火光中慢慢燃烧，化成缕缕青烟，就把它当成是潜能的一种浪费算了。

然而，这仅仅是形式上的一种解脱，只能让你拥有短暂的满足感，但你的生活还是充斥着这些事情。事实上，你应该把这些便笺留在身边，因为阻止你的弱势和释放你的优势同样重要（甚至有人认为阻止弱势更重要）。

之所以要清楚自己的弱势，就是因为你不知道什么时候这些事情就会伤害到你。它们就像敌人一样，会暗中破坏你的工作和生活。但如果你能熟悉这些你不喜欢的事情，并把这些事情一一标识出来，你就能采取相应的措施，使你的工作免受侵扰。

首先，你可以把这些事情"锁"起来。要完全摆脱这些事情虽然不太可能，但你可以把它们标识成需要避免的事情，这样你就不会在日常的工作安排中对它们耿耿于怀。这些你不喜欢的事情就像可恶的定时炸弹，随时准备在你精力充沛的时候爆炸——而这本该是你处理这些事情的最佳时刻。把这些你不喜欢做的事情都挑出来，打上标识，一旦这些事情再次出现，你就可以绕道而行，即使绕不过也只是短时间地承受一下痛苦。事实上你可以把这些事情锁到一个铁盒里，中和一下。逐条记录，带在身边，就不会不安全了。

其次，你可以从合适的角度看待这些事情。有时你会接连好几周都遇上这些事情，让你感到心情低落，而这种坏心情还会慢慢渗透到你的周末和个人生活之中。遇到这种情况，可以采取下面这种做法：将你的不满写下来再一条一条划去，这样心里就会舒服多了。

"这是我上司。她不了解我，也不了解工作的具体要求。"

"我的工作已经陷入绝境，不可能有起色了。"

"这个公司太疯狂了。"

炸弹已经引爆，漫天烟雾笼罩着你，并且正一步步侵蚀着你对整个工作的美好憧憬。

你可能会觉得整个工作都变质了，其实也不然。在现实中，其实只有那么一小部分你不喜欢的事情是在破坏你的生活和工作。你可以把这些事情找出来，给每件事情定个名称，并逐一做上标识，这样就不会过分地去夸大这些事情，你就会发现其实烦恼也就是一时，并无大碍。

这个步骤的目的就在于帮助你免受这些你不喜欢做的事情的侵扰。当然，我们所处的这个世界本身并非至善至美，因此总归有些事情是你力所难及，那就要学会放手。但对于那些你必须面对的烦心事，你可以尝试一下别的方法，可能会大大削减你花费在这些事情上的时间。

这么做的好处就是能让你游刃有余地掌控你天天要面对的这些事情。但是，坏处就是一旦学会驾驭这些事情之后，你就不再对此抱有任何怨言了。

发现、阐明、确认你的弱势

弱势的标志

首先，让我们来看看这些花边便笺。我不知道其中有多少页上的事情是你"讨厌"的——以一周为例，我遇到过的最多一次为25页，最少4页。撇开总数不说，你要做的就是从中找出三件事情，而这三件事情对你工作的干扰是你最想减轻的。看看这些便笺同时想想你写下的事情，试着让自己回到一想到这件事或是想到正在做这件事时促使你将它写下来的那一瞬间，试着把注意力集中在这三件你极为厌恶却又不得不每天面对的事情。

为了帮助你更好地找到这三件事情，你可以寻找一下最能体现你弱势的标志，这正好和优势的体现标志相反。这些弱势标志不但可以帮助你准确地找到你最主要的三个弱势，同时还能挖掘出你的潜在弱势，以防止他们将来扩散而影响你的整个工作。

S 代表缺乏胜利（Lack of Success）

哪张花边便笺里的事情是你无法完成的？仔细地看看这件事情，然后问问自己之前是否也数次尝试过此类事情，但都无功而返。也许有人——你的朋友，上司，家庭——曾经告诉过你需要提高处理这类事情的能力，或者是你自己已经找到某些补救措施。现在问问自己，在做此类事情时是否受到过表扬或是得到过奖励。这时候对自己不能太仁慈。要是你在某个方面上要费九牛二虎之力去争取胜利的话，那这就是最能体现你弱势的标志。因此，抛开别的一切就从这里开始。

但是，就跟对你优势的分析一样，你的弱势也不仅仅就是你不擅长的事情。事实上，正如泳坛奇才马泰·伯顿发现的那样，实际上你可能很擅长处理这些事情。所以，请记住对弱势所下的最有用的定义是：一件让你感到厌恶的事情。无论你有多精通或多不精通这件事情，都会让你产生负面的情绪反应。

为了让你能切身体会到这种心情，请再看一下那些花边便笺。逐条往下看，看的时候注意自己身体的反应。你是不是感到你的肩膀开始耸动？你的背部开始有点紧绷？虽然不易察觉，但你是不是开始皱眉头？你的呼吸呢？是跟之前一样还是比之前要急促？看你亲手写的这些事情可以让你深刻体会到做这些事情时的真实感受，不过这种不快感通过人的生理现象表现出来的速度之快却着实让人感到惊讶。

所以就花点时间，找找你的弱势还有哪些别的标志性表现。

I 代表缺乏本能（Lack of Instinct）

你的弱势具有一种特性，即"无论我怎么努力，我都不会为这件事情的前景而感到兴奋激动"。人们对弱势的感觉在很多方面都跟对坚果、贝壳或是蜜蜂的厌恶感相似。你可能无法解释为什么这些事物让你感到厌烦或是害怕，甚至是感觉它们的存在对你构成威胁，但基于经验你很清楚这种现象经常发生而且以后也还会发生。无论你多么努力地试图去喜欢这些东西，但结果只有一个：就是厌恶。

当你遇到一件不喜欢的事情时，你会想方设法避开它。然后你就会想是不是有人可以代替你来处理这件事情。最后，在经历了拒绝阶段（不想做这件事）和期望阶段（期待别人来替你做这件事情）之后，你就进入了妥协阶段，你最终会听从命令，尝试接手这件事情。从逃避到试图找人替代再到最终接受：这些都是你对该件事情缺乏本能的表现。

G 代表缺乏成长（Lack of Growth）

而当你实际开始做这件事情时，你满脑子想的就是什么时候能结束。你对这件事情不抱有好奇心，也不想提高处理这件事情的能力，不想深入研究，也不想更多地了解。这种厌烦感导致你在做的过程中只能想方设法才能集中注意力。你的思维开始游离，你会发现自己期待着这时候能来一个邮件或是电话——甚至是地震——只要不用让你继续做这件事情，发生什么都无所谓。这时的你就是处在弱势困境之中，这期间的时间被无情地拉长了，而这种感觉似乎会永久地持续下去。

N 代表缺乏需求（Lack of Needs）

最后，这件事情终于结束了，任务完成。

但是，那些不好的感觉却依然在你身边徘徊。这时候，你坐下来再问问自己："为什么我非得做这件事情呢？"你会感到身心疲惫，智慧枯竭。这种空虚又让你感到挫败，这与胜利的感觉截然相反。

在你浏览那些花边便笺时，请注意这四个标志。如果你发现自己从来没有主动请缨去做某项工作，这是一个暗示；如果你发现自己不期待某件事情的发生，这是一个暗示；如果在你具体做某件事情的过程中难以集中注意力，同时发现时间过得很慢，这也是一个暗示；如果不用再做某件事情仍然让你无法释怀，这又是一个暗示。这些就是你的弱势，就是让你感到厌恶的事情。其中的原因也许说不清道不明，但事实就是这样。所以，干脆就把这些弱势找出来并且承认这个事实。如果你不这么做，那这些弱势就会像敌人那样破坏你原本计划好的各项事务。

摒弃"应该"

这一点确实需要提醒一下。在你浏览这些花边便笺，搜寻最让你感到头疼的三件事时，你必须清醒地意识到一个问题，因为这很有可能会影响到你是否能够准确地挑选出你最讨厌的三件事情。这个问题就是：应该。

举个例子，其中一张便笺上写着：

"我讨厌负责约翰的工作。他要向我汇报工作，但他从来都做不好。"

而在你的脑海中，你会听到一个轻微但又确信无疑的声音在说应该，"在我的这个职业阶段，我应该想要负责别人的工作。"

再比方说，你写了"我讨厌向我的团队做陈述"。同样，这个声音会说"如果我想升职，我确实应该定期地向我的团队做陈述"。

你每看一段你写的话，你很有可能就会想"好的，我确实应该更有条理"，或是"我应该想要打这些冷冰冰的电话来发展客户端"，又或是"我应该负责写这个小组明年的战略计划"。

这个声音虽然坚定有力而且极具说服力，但你不能听从这个声音。如果这些事情让你感到空虚困惑，精疲力竭，那你就不应该做这些事情，或者说你至少不应该涉足太多或是长时间参与其中。

"应该"是我们集体文化中的强迫观念和现行的企业要求这两者的副产品，因为企业要求我们要利用所谓的机会。如果你能准确地抓住那些你讨厌的事项，你很有可能就不会再喜欢做这些事情。当你被告知要在你的团队面前做陈述时，你的第一反应会是"为什么要我做啊"。

沃伦·巴菲特也许是不听从"应该"这个声音的最佳范例。他的财富比你我可能要多上很多倍，但他和我们一样都会屈服于强大的社会压力和社会对他的期望。其中有一个不成文的压力和期望就是：你发了财之后就应该积极投身于慈善事业。于是，巴菲特决定将他个人财富的大部分款项（共计3.1亿美金）捐给比尔·盖茨和美琳达·盖茨基金会，这着实让世人吃惊了一把。一个这么富有的人——而且还兼有智慧、才能和内布拉斯加州人的特性——愿意把这么大笔财富拱手让给别人去管理，而且一直以来还赋予他们这些捐款的分配权？

当被问及为什么把这笔钱捐给盖茨基金会时，巴菲特给出了两个理由。第一个理由，也是大家最能猜到的，就是"盖茨基金会能更好地将这笔钱用于慈善事业"。

巴菲特身上这种朴实无华的实用主义精神正是我们期待看到

的。他不像有些人那样好大喜功，引人注目。相反，他总是专注于那些有实效的事情，关心怎样把工作做到实处。他对盖茨基金会的捐赠就是一个很好的体现。

但是，紧接着他说了下面这番让人倍感震惊的话：

"除此之外，我对慈善事业没有丝毫兴趣。我感兴趣的就是每天经营我的生意。慈善事业并不是我每天喜欢考虑的事情。"

你能想象当巴菲特承认慈善事业很无聊的时候是需要怎样的镇定！一个人无论多么富有，世人都不会认为他会觉得慈善事业很无聊。我们每个人都可能会拥有各自的事业——你可能热衷于扫盲，而我则为消除贫困积极奔走——但不管怎样，我们都应该有一个理由。

巴菲特承认他并没有什么特殊的理由。他说他赤裸裸地来到这个世界，比起推动儿童疫苗接种率的提高，他更有兴致帮助Borsheims——他旗下的一个公司——提高订婚戒指方面的销售利润；而在帮助哈萨威公司旗下的内布拉斯加家具商场时，即使只是多卖出一张沙发都能让巴菲特信心大增，而减慢艾滋病的传播却从来没带给他这种感觉。

巴菲特的表白揭示的就是人性的一个显著优势。虽然社会对巴菲特有很多的期望，但他仍能保持头脑清醒并意志坚定地说出真相。

但这并不表示巴菲特是在轻视或是亵渎慈善事业，其实事实正好相反。他说:"我尊重慈善事业所追求的目标。事实上我就是因为太尊重慈善事业,以致于我不能把这个事业交给像我这样的人来做。"

如果你想准确地找出你最不喜欢做的三件事,那你也需要这样清醒的头脑和坚定的意志。不管别人怎么说,当你承认讨厌做某件事情时并不代表你不尊重这件事情,道理就和沃伦·巴菲特对待慈善事业的情况一样。

阐明

在讲这个问题的实际处理方法之前,让我们先花点时间来阐述一下,你从一堆花边便笺中挑选出来的这三件事情。就像你在分析自己的优势时做的那样,用"跟……有关系吗"的问题来做三个弱势陈述。陈述一定要详尽,要能够捕捉住你的感受强度;同时陈述又要有概括性,可以在未来的日子里对你起指导作用。

这里再重复一遍这四个问题:

1. 跟"你为什么要做这件事情"有关系吗?
2. 跟"你和谁做或是为谁做这件事情"有关系吗?
3. 跟"你什么时候做这件事情"有关系吗?
4. 跟"这件事情的内容"有关系吗?

有时候这些问题不会给我们带来什么新的信息,你在花边便笺上写的事情就是你的弱势。现在把过去时("当……我曾感到很讨厌")转换成现在时("当……我感到很厌恶"),得到的就是弱势陈述了。

举个例子,在我那堆便笺上排在前面的其中一件事情就是:

"我不愿意在结束对××公司的演示陈述之后,还得去参加鸡尾酒欢迎会。"

用"跟……有关系吗"这四个问题来分析这件事情,得到了以下结果:

问题:跟"我为什么要做这件事情"有关系吗?

回答:没有。任何跟人打交道的事情都让我感到厌恶,不管是朋友之间打交道,还是生意上打交道。

问题:跟"我和谁做或是为谁做这件事情"有关系吗?

回答:没有。在我姐姐的婚礼鸡尾酒会上,与我最亲近的朋友和亲戚一起,感觉不好。在约翰逊五岁的生日聚会上,和他的小朋友以及他们的家长一起,感觉还是不好。和一群与国务卿科林·鲍威尔和总统比尔·克林顿共事的权力高层在一起,感觉仍然不好。

问题:跟"我什么时候做这件事情"有关系吗?

回答:没有。不管是在演讲开始之前还是结束之后,不管是在早咖啡时间还是在鸡尾酒时间,也不管是我有要事在身期间还是轻松度假期间,感觉都不好。

问题:跟"这件事情的内容"有关系吗?

回答：没有。我也希望这是问题所在。但和一群四五十岁的人打交道其实根本没什么。事实上，这件事情的实质，就是你被寄希望于体面地在一个个无聊空虚的对话之间来回走动。如果是你，你为什么会把自己置身于这样一种境地之中，不得不做一连串毫无意义的交流，问一些你知道不会有任何实际效果的问题，别人点头你也得点头，看见别人在扫视整个屋子，或者是当别人看到你也在这么做时，你还有负罪的感觉，时刻想着问什么问题又怎么回答问题才能让你有礼貌地结束和这一群人的谈话，而过渡到和另外一群人的毫无意义的交流中去？在我看来，这纯粹是在浪费时间。

我本来并没想说这些，但你看到我对最后一个问题的回答了吧？我所说的正是大多数人在面对自己的弱势时的心境。通过这样一种极端的表达方式（事实上这是我情感的真情流露而不是我有意想写成这样的），我已经把我自己的弱势从一件刚好令我感到厌恶的事情转而定性为一件具有普遍性的错事。"在我看来，这纯粹是在浪费时间"，本来这只是我个人的想法，但现在我却觉得所有人都应该这么认为。

社会学家把这种现象称为"自然主义谬误"，把"是"混淆为"应该"，例如"因为男人倾向于比女人更强势，所以男人就应该比女人更强势"。

"弱势旋转"的说法可能更贴切一些。然而，你要尽量避开"弱势旋转",因为这可能会扭曲你对个人习惯的看法:个人习惯仅仅就是一个人的习惯。一旦扭曲了你的想法,你就不能正确处理这件事情了。

我最初认为没有哪个"跟……有关系吗"这样的问题可以改变我写在便笺上的这件事情。所以,在回答完每个问题之后我得出了下面这个弱势陈述:

"弱势陈述"卡

我感到自己很弱势(吃力,无趣),当……

我不得不在各种聚会中和一大群人打交道。

但你还是会发现一些不同。通过问"跟……有关系吗"这样的问题,你可能会发现这件让你倍感不快的事情的一个关键因素。

举个例子,你也许会发现你根本就不讨厌电子邮件,只是不喜欢处理那些和你工作不相干的邮件。

你并不是讨厌所有的会议,只是不喜欢在周五早上九点开一个两小时的会议。

你并不是讨厌新项目,只是不喜欢接手一个战线超过四个月的新项目。

你也并不是讨厌负责别人的工作，只是不喜欢接手那些你认为现在本该是在接受你培训的新进人员的工作。

就像对你的优势进行的分析一样，这些就是某件事情最明显也是最值得注意的细节所在，所以，花点时间用这些问题把这三张便笺上的事情逐个分析一遍。一定要有耐心，注意那些关键信息，然后把这三个弱势陈述写下来。陈述一定要生动详细，而且要能准确反映你之所以选择这三件事情的原因。

和以前一样，如果再次读到这些陈述时，情绪并没有发生变化，那就说明你还没有真正抓住问题所在。一个人的情绪会渗透在这些弱势陈述中，所以如果这三件事情是你最不愿意做的，那么在读到这些事情时，你的情绪就会受到影响。但如果你的情绪没有变化，你就需要用"跟……有关系吗"这四个问题来重新分析一下这三件事情。

确认

最后，你需要确认一下，这是否确实是你最不愿意做的三件事情。167页中的弱势测试会对你有所帮助：

得分在53分或以上，那这件事情确实是你的一个致命弱势。你应该立即采取措施，想方设法避免参与，有意识地把你的精力和时间转移出这件事情，因为它会让你变得疲惫不堪，效率低下。

得分在46分~52分之间，尚未到弱势的程度，定位成缺点更合适。这件事情不会把你完全击垮，只会削弱你的实力。在你完成一件能发挥你优势的事情之后，偶尔和你喜欢并且真心诚意想帮助你的人一起做一件这样的事情也无妨。但如果你把自己置于高压之下，又不是和自己喜欢并且目标明确的合作伙伴一起，再加上刚做完一件你讨厌的事情，那再做这样一件事情就有可能会把你击垮。在这些情况下，这个缺点会暴露无遗，而且很有可能伤害到你和你的名誉。所以一定要时刻注意选择时机，尽量在自己精力充沛、信心十足的时候来做这件事情。

得分在37分~45分之间，只是潜在的缺点。这件事情不经常发生，即使发生了，在多数场合你也能应对自如，大不了也就是个小麻烦。如果可以，你就绕开这件事；如果不行，就勇敢地请求别人的耐心和理解。可以让他们给你一些鞭策作为动力（具体操作方法下面会有详细阐述）。

得分在37分以下，这件事情根本不值得一提。我想你会采取措施避开此事，但其实你还不如把这点时间花在琢磨怎么发挥你的优势上。如果你最不愿意做的一件事情得分在37分以下，那我建议你先感谢一下你的幸运星，然后放开手去充分发挥你的优势。

阻止你的弱势
STOP YOUR WEAKNESSES

弱势测试

寻找弱势标志
1~5五个程度，1=强烈反对　5=强烈赞成
请记录你对下列问题的回答：

S = **缺乏胜利**（Lack of Success）

1. 这类事情我屡次尝试，但几乎都失败了。	1 2 3 4 5
2. 别人告诉我需要在这类事情的处理上有所改进。	1 2 3 4 5
3. 我从来没有在做这类事情上得到过奖赏或认可。	1 2 3 4 5

I = **缺乏本能**（Lack of Instinct）

4. 我想方设法避开此类事情。	1 2 3 4 5
5. 我不停地物色能代替我做此类事情的人。	1 2 3 4 5
6. 我不得不打起精神来去做这类事情。	1 2 3 4 5

G = **缺乏成长**（Lack of Growth）

7. 我需要花很长时间来学习处理此类事情。	1 2 3 4 5
8. 此类事情让我感到很无趣。	1 2 3 4 5
9. 无论我多么努力都处理不好此类事情。	1 2 3 4 5

N = **缺乏需求**（Lack of Needs）

10. 此类事情让我感到疲惫不堪。	1 2 3 4 5
11. 一想到要自己处理这类事情就想退缩。	1 2 3 4 5
12. 憧憬一个不用再遇到这类事情的世界。	1 2 3 4 5

我强烈建议你像做优势陈述那样，把这三个陈述也保存下来并且进行着重强调。你可以把陈述写在下面这些卡片上或是登录www.simplystrengths.com在线填写弱势陈述卡片，然后选择保存或打印。

W "弱势陈述"卡

我感到自己很弱势（吃力，无趣），当……

W "弱势陈述"卡

我感到自己很弱势（吃力，无趣），当……

W "弱势陈述"卡

我感到自己很弱势（吃力，无趣），当……

再次使用你的强势周计划

当我们详细分析我们工作过程中令我们感到十分不快的这些事情时,大家可能会自然而然地产生一种想法,那就是:这个工作我不干了。

这种情况很正常,但这只能作为你最激进的想法,而不应该付诸实施。你应该相信自己,如果你采取这六步行为准则的话,情况就会有所改变。这些行为准则需要你花费时间和精力,有时甚至可能需要你做一点自我精神控制。但如果你能用这种方法来应对那些你不愿意做的事情,你会惊讶于——不管你所在的公司或机构管理有多严格或是多官僚主义——你工作描述的适应性。

如果你一直梦想成为一名物理学家,但不幸却干了厨师这一行,那就对不起了,因为无论你在厨师这个工作上做什么样的改进,也不可能帮助你实现你的梦想。当然我们不能排除这样一种可能,即你的梦想和你现实所做的工作丝毫不协调。而且那些你不愿意做的事情完全有可能会搞得你心烦意乱,不知所措,这时候最好的方法就是转换角色。

也有可能最近你所在的机构或公司对你的工作描述做了一些改动,来加快预定目标的实现,但这样的改动却让你失去了发挥你优势的机会。这时候,你也需要转换角色。

但是,在你做出最终决定之前,再给现在你在工作中扮演的角色一个机会。因为有可能最适合你的工作角色其实就近在咫尺，只是被那些你不愿意做的事情层层掩盖住了。只要采取一点点行动，你就有可能在几周之后，拨开你的弱势，寻找到一个能充分发挥你自己优势的工作角色了。

首先，再做一个"强势周计划"，但这周不是要挑出两件能释放你优势的活动，而是选两件能阻止你其中一个弱势的活动。你可以使用下一页中所列的计划表。

阻止你的弱势
STOP YOUR WEAKNESSES

强势周计划

开始日期：　　　　　结束日期：

1. 上周
上周你用了百分之几的时间做你喜欢的事？

25% 50% 75%
E — Fulfilled

2. 本周
本周你预计将用百分之几的时间做你喜欢的事？

25% 50% 75%
E — Fulfilled

3. 充分发挥你的优势
本周你会做什么事情来充分发挥你的优势？
*
*
*
*

4. 阻止你的弱势
本周你会做什么事情来阻止你的弱势？
*
*
*
*

171

阻止弱势的四大战略

你也许很幸运，可以马上找到两件能让你阻止弱势的活动，那就把它们写在"强势周计划"上，开始你一周的工作。

但如果你没那么幸运，那这里有四个战略可以帮助你最大程度地减少你在不愿意做的事情上所花费的时间，以及这些事情带给你的压力。像在做优势分析那样，首先从你最主要的三个弱势中，挑出目前对你影响最大的一个，一般来说应该就是在弱势测试中排名最靠前的那件事情。

选定这件事情后，我们来看一下这四个战略：

1. 停止（Stop）做这件事情，看有没有引起别人的注意。

2. 和喜欢去做那些令你感到厌恶的事情的人组成团队（Team）。

3. 找出（Offer up）你的一个优势，并逐渐把你的工作从你的弱势转移到这个优势上来。

4. 换个视角（Perspective）看待自己的弱势。

接下来我们会讲解每个战略的具体情况，以及如何使用STOP战略来找出哪个战略最适合处理你挑出来的那个弱势。但是现在，先回过头去再看看海蒂。海蒂设法全部利用到了这四个战略。海蒂的经历可以告诉你这四个战略在实际运用中的情况。

阻止你的弱势
STOP YOUR WEAKNESSES

海蒂停止打电话

在对所有花边便笺上的事情应用了发现问题、阐明问题和确认问题这整个过程之后,海蒂得出了以下三个弱势陈述:

"弱势陈述"卡

我感到自己很弱势(吃力,无趣),当……

我得催促宾馆完成那些已经超出时间计划的事情。

"弱势陈述"卡

我感到自己很弱势(吃力,无趣),当……

我得看那些无关紧要的电子邮件。

"弱势陈述"卡

我感到自己很弱势(吃力,无趣),当……

我得和消极的人打交道,包括那些不想改进自己或是寻求任何变化的人。

从这些弱势陈述来看，海蒂并没有碰上很糟糕的事情，但很明显，她现在的工作要求她每天都得处理弱势陈述上的这些事情。所以，为了设法将时间从弱势上转移开，海蒂做的第一件事情就是挑选出一件最消耗她时间和精力的事情——也就是第一个弱势陈述上的事情——然后做了一系列的调整，直到把这件事情置于自己的能力控制范围之内，并且摒弃其中最消极的一些方面。

以下是海蒂的做法：

首先，她决定停止给那些最不配合的宾馆打电话。她不是说一个星期不打或是一个月不打，而是决定一个季度之内，都不再给他们打电话。现在回过头去看，她也承认当时做这个决定自己也有点害怕。这么做其实并不太合适，因为这件事情毕竟是海蒂每天必须面对，而且作为一个品牌经理，这也是海蒂工作的核心。她怎么能就这样停止催促这些宾馆呢？她同事会怎么说？她上司听到这个后会不会很生气？宾馆那边又会有什么反应？这些宾馆会不会成为汉普顿家族的绊脚石？

这些问题听起来确实很可怕，但一想到每次准备处理这些事时的那种忧心忡忡的感觉，这些问题就都不是问题了，所以她就这样坚持了一个季度。对海蒂来说，只要能找到一种方法能高效地完成任务，让她继续留在汉普顿，那这种方法即使再极端也无妨。

那她这种做法引起什么反应了呢？没有任何反应，她的同事和上司都没有注意。宾馆那边呢？一个季度结束后，海蒂再去看分析报告，想知道她所采取的这种有意忽视结果如何。出乎她意料的是：没有发生什么大的变化。"那些宾馆还是老样子。"海蒂说，"即使是在被故意忽视了三个月之后，它们还是没有一点长进。不管我打电话还是不打，它们的表现都一样。"

当然，海蒂也意识到这种忽视法，也不是对所有的问题宾馆都适用。有些宾馆只是需要再督促它们一下，给它们一点动力。举个例子，海蒂给某个宾馆经理打电话通知他关于一个公司宣传的事情，但这位经理并没有做出相关回应，在这种情况下，海蒂并不是一味地发愁或是不停地给那个不守规则的经理打电话，相反她采取了一些不一样的做法。"我直接去找了特许经营商，礼貌地告诉他这个情况，并且告诉他如果不完成这个项目，就会影响到他的财务状况。"海蒂边笑边说，"我可能治不了那些经理，但特许经销商可以。老实告诉你吧，那些难缠的经理中有90%，在我给他们的老板打电话后都照我说的去做了。"

海蒂是幸运的，因为在她的团队里有很多人在共同参与这项优势项目（包括海蒂的上司），而且他们已经开始讨论分析每个人的优势和弱势。海蒂说："这样一来，有时候冒点风险也就没那么可怕了。"而且这也让海蒂意识到，她身边有同事喜欢做她自己不愿意做的事情，反之亦然。

在海蒂的整个职业生涯中，和我们大多数人一样，她也曾和团队中的其他人交换过工作，由他们来处理自己不喜欢的那些事情。海蒂回忆说:"当我做总经理的时候,我不喜欢销售这块。虽然现在我作为专管销售的总经理,我还是不喜欢打那些冷冰冰的电话,寻找新的利润点。"

海蒂的助理经理是负责打销售电话的,所以海蒂就问他是否愿意负责这些事情作为交换。"这位助理经理就是很喜欢处理人际关系,并且很擅长和人谈生意。作为交换,我负责处理那些他讨厌的文案工作。我上司并不知道这些销售量是如何达成的,但反正是达成了,而且各得其所。"

本来在处理这些事情上,海蒂总是眉毛胡子一把抓,胡乱对付,但现在站在以优势为基础的角度上后,海蒂就可以通过深思熟虑好好地来处理这些事情了。这个方法在几个月后被证明确实有效。有一天,海蒂突然接到一个项目,看似又将把她推回到原先那种催促宾馆的状态中去。汉普顿正在考虑,筹备一年一度的峰会,这个会议之所以重要,就是因为汉普顿公司要借此机会跟所有特许经销商,就公司来年的一些重大事情进行沟通交流。但问题是要让所有特许经销商和总经理都能签到来参加这次会议却绝非易事。

海蒂的上司乔治娅也知道这件事情很棘手,所以她给了每个品牌经理300美金作为经费,经理们可以用这些钱作为参加会议的奖励。海蒂绞尽脑汁想如何才能避开用打电话来联系各大宾馆的方法。她的第一个尝试以失败告终。海蒂拿出了100美金作为奖赏给一百名最难缠的宾馆经理,激励他们在某个期限内把填好的表格交上来。但期限到的时候,只有15家宾馆做出了回应。这次现金奖励起到的作用仅此而已。

海蒂确实有点绝望,因为她不想一开始就还得使用那个老方法,这时海蒂想到了她和助理经理之间的那个交易。如果她这次也能找到合适的人选,也许就能取得成功了。于是海蒂环视了一下办公室,在脑海中快速地闪过每个人的优势和弱势,最后她的目光落到了一个叫谢莉的同事身上。谢莉的工作和联系总经理来签到参加峰会这件事,没有丝毫关系,但在过去的这些年里,海蒂注意到谢莉很喜欢和电话打交道。只要有一丁点事,谢莉就会拿起电话,马上就和电话那头的人聊上了。

于是海蒂找到谢莉,告诉她这个简单的交易:如果谢莉能够说动剩下的宾馆经理全部签到来参加这次峰会,那她就能得到150美金的奖励;如果没有说动全部但只要达到一定比例,她也能得到50美金的奖励。海蒂说:"谢莉不但喜欢和电话打交道,也喜欢接受挑战。"

谢莉毫不犹豫地就答应了。除了奖金之外,谢莉还觉得这是一个发挥她优势的好机会。"我知道海蒂不喜欢打电话联系各大宾馆,但我喜欢。我喜欢和不同的人打交道,和他们建立关系。"谢莉说,"对我来说,这个项目是我在峰会上和各大经理面对面之前就和他们进行接触的大好机会。"

当海蒂把这件事告诉给她的同事时，同事们的反应让她倍感惊讶。"有些人很生气，认为这么做很不公平。"海蒂说，"我只是提醒他们，乔治娅说过我们可以随意使用这三百美金。我不认为她会希望我用这种方式，但这符合整个优势基础法，而且也确实帮助我们完成任务了。那为什么不用呢？"

在准备峰会的过程中，经过谢莉的努力最后就只剩下十个宾馆了。就是在那时，海蒂对这项任务的看法产生了变化，她身上那种竞争的本能被激发出来了。"从那刻起，我感觉到这件事情变得越来越有意思了。剩下的十个宾馆燃烧起了我对胜利的渴望。"海蒂说。换个角度看问题后，海蒂感到信心十足，于是她拿起电话开始联系最后这十家宾馆，最后这个项目的签到率达到了100%，任务圆满完成。花钱就要花在刀刃上：谢莉也得到了150美金的奖励（海蒂把剩下的150美金交还给了乔治娅）。

"这件事让我意识到不但可以利用别人的优势来实现目标，而且整个汉普顿也应该用这种方式来建立我们的团队。"

海蒂的这种想法得到了支持。在海蒂的上司乔治娅见证海蒂（还有乔治娅自己和其他同事）这个优势项目的成功之后，她也决定要根据每个成员的优势来重组她的部门了。

在下一步中我们会对具体操作方法做具体阐述，但首先应该告诉你的是现在海蒂的工作性质彻底改变了。她已经转而负责刚加入汉普顿家族的新宾馆的培训和支持工作。"我现在的工作和以前大不一样了。"海蒂说,"我不用再给那些难缠的宾馆打电话,让他们勉为其难地去做一些事情。相反,我现在接触的都是那些充满求知欲、充满热情的新总经理,他们渴望有最好的表现,并且希望自己的宾馆能够迅速发展壮大。他们都希望自己的宾馆能成为No.1,但却苦于不知道采用什么样的方式方法。他们意识到需要学习和运用各种实际有效的项目和技术。每周都有一群人一本正经地求我给他们出些更好的点子。我很喜欢这样。"

那现在谁来负责催促宾馆的工作呢?作为我们这支明星团队重组过程中的一个方面,乔治娅特意新增设了一个职位,来负责对付那些难缠的宾馆。到目前为止,在这个职位的招聘面试和人员的最终选取上都奉行一条原则,就是这个人必须善于处理这些让海蒂感到如此力不从心的事情。

你的STOP战略

海蒂这个办法是她自己想出来的,所以你也需要自己开动脑筋。但她的这种做法也是受到了STOP战略的启发。这四个战略对你进行一一考察,从而敦促你在这周内就找到解决方法,并采取行动。

为了能够找到最有效的方法,先列出自己的一个弱势,然后用这个STOP战略进行考察。就像做FREE采访一样,你可以选择自己,或者是和同事,或信得过的朋友一起回答这些问题。

S代表"停止"（Stop）

战略1：停止做这件事情，看有没有引起别人的注意。

乍看之下，这么做有可能会让你被老板炒鱿鱼，但在很多场合，这个方法却会有意想不到的效果。在你采用别的更为复杂的方法前，至少可以考虑一下是不是可以先把这件事情搁在一边。

正如你看到的那样，海蒂就是以这种方式开始的。但奇怪的是，虽然大家都认为海蒂的主要工作，就是催促那些办事拖沓的宾馆，但当她停止这个工作时居然没有人注意到这件事情。你可能也会遇到这样的情况。

各大机构基本上都很善于开始新的项目、新的活动或者是打造新的工作趋势，但在停止这些活动的方面，情况就大不一样了。危机或紧急情况到来时，需要做出相应的回应，或者是新经理上任带来特殊的管理方式，于是机构就需要做出一些新的变动。这样一来，角色变了，工作要求也会随之改变。最终，危机过去了，新经理的工作也渐入正轨，但这些变动以及随之而来的各项事务却依然存在，就像人造卫星发射到宇宙中去后就再也不会回来一样，这些事情也会一直萦绕在你脑海之中，曾经非常重要但现在却变得一文不值。这是在浪费时间。

再好好地看一下这件让你头疼的事情，很可能也是在浪费时间。想想下面的四个问题：

阻止你的弱势
STOP YOUR WEAKNESSES

弱势：

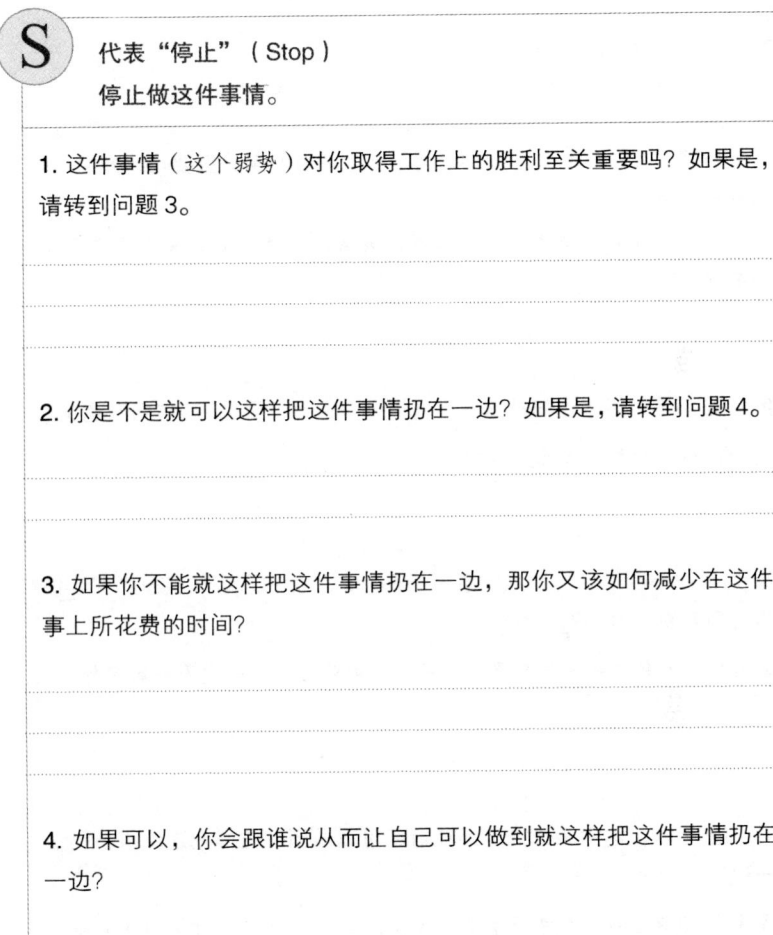

S 代表"停止"（Stop）
停止做这件事情。

1. 这件事情（这个弱势）对你取得工作上的胜利至关重要吗？如果是，请转到问题3。

2. 你是不是就可以这样把这件事情扔在一边？如果是，请转到问题4。

3. 如果你不能就这样把这件事情扔在一边，那你又该如何减少在这件事上所花费的时间？

4. 如果可以，你会跟谁说从而让自己可以做到就这样把这件事情扔在一边？

181

GO 现在，发现你的职业优势
PUT YOUR STRENGTHS TO WORK

海蒂的弱势：

我得催促宾馆完成那些已经超出时间计划的事情。

 代表"停止"（Stop）
停止做这件事情。

1. 这件事情（这个弱势）对你取得工作上的胜利至关重要吗？如果是，请转到问题3。

一般。但催促的效果并不是很理想，我催不催促对宾馆来说没有多大的影响。

2. 你是不是就可以这样把这件事情扔在一边？如果是，请转到问题4。

是的，从某种程度上来说可以。

3. 如果你不能就这样把这件事情扔在一边，那你又该如何减少在这件事上所花费的时间？

我可以选择催促的具体对象，我可以选那些会产生一定影响的宾馆。

4. 如果可以，你会跟谁说从而让自己可以做到就这样把这件事情扔在一边？

没有人。我不会这么做然后去看会发生什么事情。难道会有人注意到吗？

T代表"合作"(Team)

战略 2：和喜欢去做那些令你感到厌恶的事情的人合作。

你现在应该已经意识到，你的优势和弱势在很多时候是和你的工作不相符合的。好消息就是，你和你的同事所拥有的优势和弱势不可能完全一样，所以很有可能因为你沉浸于自己的优势和弱势，以至于无法想象还会有人真正喜欢做你讨厌做的那些事情。举个例子，因为你自己讨厌写费用报表，所以你就无法想象还会有人期待写这种报告——你也许可以想象会有人比你更愿意忍受这些事情，或者是有人比你更擅长做这些事情，但你却从来没有想象过会有人真正喜欢做这些事情。但事实上就是有这样的人。如果你能发现这样的人并且和他们商量一下做笔交易，那就能够达到双赢了。

弱势：

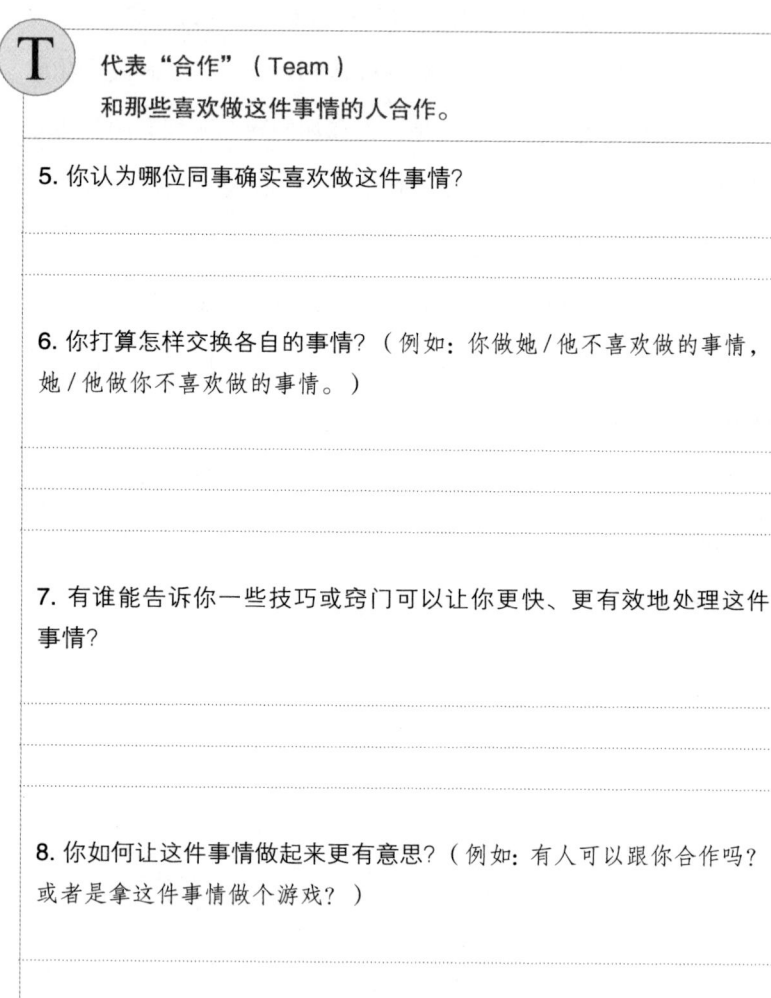

代表"合作"（Team）
和那些喜欢做这件事情的人合作。

5. 你认为哪位同事确实喜欢做这件事情？

6. 你打算怎样交换各自的事情？（例如：你做她/他不喜欢做的事情，她/他做你不喜欢做的事情。）

7. 有谁能告诉你一些技巧或窍门可以让你更快、更有效地处理这件事情？

8. 你如何让这件事情做起来更有意思？（例如：有人可以跟你合作吗？或者是拿这件事情做个游戏？）

阻止你的弱势
STOP YOUR WEAKNESSES

海蒂的弱势：

我得催促宾馆完成那些已经超出时间计划的事情。

 代表"合作"（Team）
和那些喜欢做这件事情的人合作。

5. 你认为哪位同事确实喜欢做这件事情？
我可以问问谢莉。

6. 你打算怎样交换各自的事情？（例如：你做她/他不喜欢做的事情，她/他做你不喜欢做的事情。）
谢莉不喜欢做文案工作，而这些我喜欢做；她比较喜欢打电话，而我不喜欢。

7. 有谁能告诉你一些技巧或窍门可以让你更快、更有效地处理这件事情？
我得自己考虑一下。

8. 你如何让这件事情做起来更有意思？（例如：有人可以跟你合作吗？或者是拿这件事情做个游戏？）
是的，谢莉和我能很好地合作。

O 代表"找出"（Offer Up）

战略 3：找出你的一个优势，并逐渐把你的工作从你的弱势转移到这个优势上来。

时间和资源均是有限的。所以，不管开始的时候如何分配，这些时间和资源都会逐渐地被更多地投入到那些能够带来最大效益的事情中去，相应地效益相对较少的事情得到的时间和资源就会减少。

这对你来说是好事。这意味着，如果你能不停地去做那些能够发挥你自身优势的事情，那一段时间后，你所在的公司就会看到这些事情所带来的效益，就会逐渐把更多的时间和资源投放到这些事情中来。公司之所以这么做，并不是为了让你高兴，而是因为这样做能够获得更好的工作成果。

如果你持续发挥自己的优势，持续主动出击，持续展示你所带来的效益，那么你的整个工作重心都会转移出来，直到没有时间和资源再去处理那些你不喜欢做的事情。

海蒂就是这么做的。她不停地让乔治娅看到选择优秀宾馆进行发展壮大，给公司所带来的实际效益。最终，海蒂成功地把所有的时间和资源都转移到了这个方面。你也可以采取同样的方式：

弱势：

> **O** 代表"找出"（Offer Up）
> 找出一个优势，并把你的工作重心转移到这个优势上来。

9. 你可以利用哪个优势来帮助自己处理这件事情？

10. 你如何通过主动利用自身优势来给自己逐渐塑造一个新的形象？

现在，发现你的职业优势
PUT YOUR STRENGTHS TO WORK

海蒂的弱势：

我得催促宾馆完成那些已经超出时间计划的事情。

O 代表"找出"（Offer Up）
找出一个优势，并把你的工作重心转移到这个优势上来。

9. 你可以利用哪个优势来帮助自己处理这件事情？
我可以利用我的善于分析问题的优势，帮助宾馆发现问题，并解决问题，并看看我的这个优势是不是真的会对宾馆有所影响。

10. 你如何通过主动利用自身优势来给自己逐渐塑造一个新的形象？
开始关注我能在哪个方面做出最大的贡献，并开始做那些我擅长做的、喜欢做的事情，而不做不喜欢做的事情。

P代表"转换视角"(Perspective)

战略4:从不同视角观察自己的弱点。

显而易见,世上总有些事情是你能力所不及,但又躲避不掉。遇到这样的情况时,先不要一味知难而进,可以尝试一下这个战略:换一个视角,可能就感觉柳暗花明了。

最行之有效的角度当属"优势角度"。从自身优势出发看待问题,结果可能就大相径庭了。

可能你无法将自己的弱势转变为优势。但是,当海蒂在着手和最后十家宾馆签合同时,她开始转变角度,从自己的优势出发来看待这些事情了。所以你可能在最后也会发现自己正期待开始这样做了。你会发现,其实你可以发挥的空间远比你想象的要大得多。

现在，发现你的职业优势
PUT YOUR STRENGTHS TO WORK

弱势：

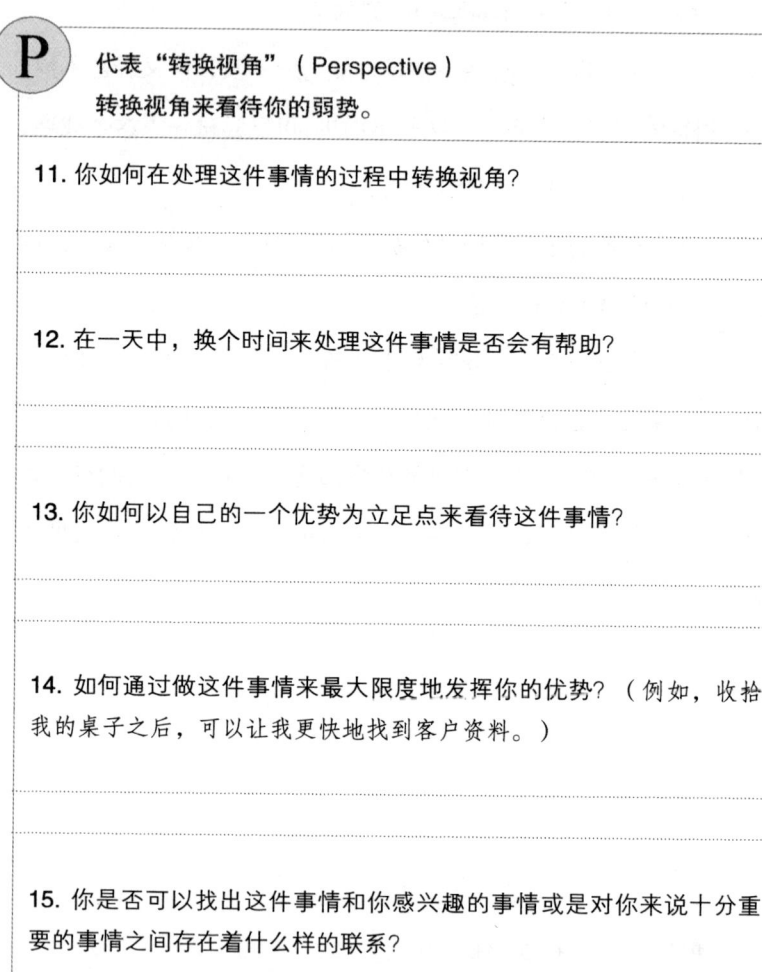

P 代表"转换视角"（Perspective）
转换视角来看待你的弱势。

11. 你如何在处理这件事情的过程中转换视角？

12. 在一天中，换个时间来处理这件事情是否会有帮助？

13. 你如何以自己的一个优势为立足点来看待这件事情？

14. 如何通过做这件事情来最大限度地发挥你的优势？（例如，收拾我的桌子之后，可以让我更快地找到客户资料。）

15. 你是否可以找出这件事情和你感兴趣的事情或是对你来说十分重要的事情之间存在着什么样的联系？

阻止你的弱势
STOP YOUR WEAKNESSES

海蒂的弱势：

> 我得催促宾馆完成那些已经超出时间计划的事情。

 代表"转换视角"（Perspective）
转换视角来看待你的弱势。

11. 你如何在处理这件事情的过程中转换视角？
把这件事看成是，对新经理进行培训的典型事例。

12. 在一天中，换个时间来处理这件事情是否会有帮助？
是的，大清早是个更好的选择。

13. 你如何以自己的一个优势为立足点来看待这件事情？
把这件事情看成是一个培训机会。

14. 如何通过做这件事情来最大限度地发挥你的优势？（例如，收拾我的桌子之后，可以让我更快地找到客户资料。）
如果我能尽快解决这件事情，我可以把大把的时间用在我感兴趣的事情上。

15. 你是否可以找出这件事情和你感兴趣的事情或是对你来说十分重要的事情之间存在着什么样的联系？
我不能想到有什么联系，我只希望能尽量减少类似的事情。

S	代表"停止"（Stop）
	停止做这件事情

1. 这件事情（这个弱势）对你取得工作上的胜利至关重要吗？如果是，请转到问题 3。
2. 你是不是就可以这样把这件事情扔在一边？如果是，请转到问题 4。
3. 如果你不能就这样把这件事情扔在一边，那你又该如何减少在这件事情上所花费的时间？
4. 如果可以，你会跟谁说从而让自己可以做到就这样把这件事情扔在一边？

T	代表"合作"（Team）
	和那些喜欢做这件事情的人合作

5. 你认为哪位同事确实喜欢做这件事情？
6. 你打算怎样交换各自的事情？（例如：你做她/他不喜欢做的事情，她/他做你不喜欢做的事情。）
7. 有谁能告诉你一些技巧或窍门可以让你更快、更有效地处理这件事情？
8. 你如何让这件事情做起来更有意思？（例如，有人可以跟你合作吗？或者是拿这件事情做个游戏？）

O	代表"找出"（Offer Up）
	找出一个优势，并把你的工作重心转移到这个优势上来。

9. 你可以利用哪个优势来帮助自己处理这件事情？
10. 你如何通过主动利用自身优势来给自己逐渐塑造一个新的形象？

P	代表"转换视角"（Perspective）
	转换视角来看待你的弱势。

11. 你如何在处理这件事情的过程中转换视角？
12. 在一天中，换个时间来处理这件事情是否会有帮助？
13. 你如何以自己的一个优势为立足点来看待这件事情？
14. 如何通过做这件事情来最大限度地发挥你的优势？（例如，收拾我的桌子之后，可以让我更快地找到客户资料。）
15. 你是否可以找出这件事情和你感兴趣的事情或是对你来说十分重要的事情之间存在着什么样的联系？

大声说出来
SPEAK UP

如何创建优秀团队？

GO PUT YOUR STRENGTHS TO WORK ▶

到现在为止,你已经对自己的优势和弱势做了自我分析。你仔细观察了每天工作中的各项事务,并且记录下了你对每件事情的感受。假设你已经对你的三个强势陈述和三个弱势陈述分别进行了修改,那在接下来的最后两个步骤里,你将学习如何把时间从弱势中转移到优势上去。

第5步中,你要做的和之前一样都极具挑战性,而且需要你具备更大的意志力。你要大声说出来,以获取帮助。具体来说,你要走到你的上司面前,理直气壮地跟他/她说。你要向他/她描述喜欢和不喜欢做的事情,一定要让他/她明白你是一个对工作很有责任心的人,你之所以这么做,并不是为了自己而是为了能对公司做出更大的贡献,同时也是为了让他/她的工作变得更加轻松。在这之后,你的上司不但会更加理解你,还会积极地想帮助你最大程度地去发挥你的优势。

乍看之下,这样的谈话似乎并不难。别人怎么可能会不想了解你的优势和弱势呢？毕竟他们应该会想要利用你的优势，这不仅仅是因为，这么做可以让你做出更大的贡献，而且还因为这样一来他们自己也可以充分利用自身优势来提高生产率，改善工作情绪，增强创造力，从而为公司做出更大的贡献。

但只要你再仔细想想，你就会发现为什么这种利人利己的方法却会经常遇到阻碍。下面我们来看一下克里斯汀和她的上司马丁之间发生的事情，也许可以给你更多的启发。

你喜欢做的事情我却不喜欢

克里斯汀（化名）是南加利福尼亚一家培训公司的项目开发经理，客户群主要是世界500强企业，如可口可乐、雅虎、丰田、百思买等。克里斯汀的主要职责就是设计培训项目，一旦有公司购买这个项目就负责这个项目的具体实施工作。

跟我们一样，克里斯汀也有很多显著的优势，其中一个就是她很喜欢对项目教员做培训。她热爱整个教学过程中的方方面面。她喜欢看到，当某个教员的学生变得日渐优秀时，或是在这个教员逐渐熟悉教学材料后信心倍增时，他脸上所流露出的那种满足感。她对细节很敏感，比如说她会注意某位教员如何传递信息这样的细微之处，以及为什么这些细微之处会在他引导学生进行理解时产生巨大的差别。因此，克里斯汀最期待的就是在电话中给这位接受她培训的教员指出这些细微之处。她会要求旁听某位教员的课程，详细记录这堂课的优点，以及之所以要深化学生学习内容或加快学生学习步伐的原因和具体的实施方案。

但有趣的是，克里斯汀并不是很擅长做她教授给这些教员去做的那些事情。她不太习惯站在讲台上面对一教室来自公司的学员，也不擅长控制整个教学氛围。但如果是让她在一个教室里面对5个想了解项目设计细节的高级教员，那她就会表现得很出色。可是如果把人数增加到25个，把教员换成学生，让她一整天都要吸引学生的注意力时，她就表现平平了。

她并不总是一个好老师，但她确实是"老师"的好老师。这看起来有点奇怪，但仔细观察一下，其实我们中大多数人的优势和弱势的组合都不是可预测的。

不管奇怪与否，克里斯汀和她的上司马丁要做的就是，想方设法挖掘这个对公司对客户都很有利的显著优势，为此他们有很多事情要商量。他们要一起想如何基于克里斯汀的优势来设计教员的培训教程，如何对其进行市场定位，如何定价以及如何选择特定的客户群。他们还得一起商量需要什么样的材料，以及克里斯汀是否是编写这些材料的合适人选。他们还要一起决定克里斯汀所能承受的教员数目，以及进行信息反馈对教员能力进行评估的频率。

但不幸的是，他们实际讨论的并不是这些事情。更多时候，他们讨论的是一个叫"明细报告"的东西。说得更具体一点,他们讨论的话题就是克里斯汀如何能更好地做好这些明细报告。

那他们为什么会讨论这个呢?原因就是马丁喜欢这些明细报告。为了帮助自己管理好所有项目,马丁设计了这种明细报告。

明细报告其实是一张空白表格,覆盖了马丁工作的方方面面,看了之后真是让人印象深刻。有时这张表格看起来很费劲,就像是教室里的一块大黑板写满了物理学原理和公式,但对马丁来说,这张表格却是五彩缤纷,因为上面生动地展示了他每天需要完成的各项任务,应付的各种客户,以及近期承担的各项责任。表格上的每一项都链接到另外的表格,上面详细记录了各事项的名称、时间、进度以及序列号。经过马丁的办公室时,你会看到他坐在那里微笑着盯着这个报告。当说到这个报告时,马丁承认他有时候半夜醒来,满脑子想的都是如何改进这个报告,让它变得更加清楚明白。看起来好像马丁有点太过沉迷于此了,但这个明细报告确实让他感到信心十足,充满活力,而且帮助他完成了各项工作。

既然克里斯汀是马丁的手下,当然马丁就希望克里斯汀也能填写自己的明细报告,然后交给他,这样他就能对克里斯汀的日常工作安排做到心中有数。

但克里斯汀却很讨厌这种做法。当被问及她的工作方式时,克里斯汀的答案和马丁的截然相反,"我计划得很好,"克里斯汀说,"但实际操作起来很随意。"克里斯汀觉得马丁的这种明细报告根本没用。因此,她当然也做不出好的明细报告来。一说到明细报告,克里斯汀在给教员上课时振振有词的状态就不见了,剩下的只是词不达意以及支离破碎的语句。

克里斯汀对这件事的反应很强烈——而这些反应则影响到她在工作中发挥她的优势——因此你会认为她会把这个情况马上汇报给马丁。那她这么做了吗?不完全是。她确实曾有一两次提到过做明细报告对她来说"不容易",但她从来没有主动说:"对不起,马丁,那些明细报告让我觉得很不舒服,我真的不想再做这些报告了。"当然,克里斯汀从来也没有这么说。任何一个想保住自己饭碗的人都不可能这么说。

相反,克里斯汀不停地进行自我妥协。她擅长团队合作,对工作认真负责,脚踏实地。另外,克里斯汀也很喜欢马丁,所以她就对自己说:"好吧,没关系,也许我应该再努力一点,让自己适应这些明细报告。如果想让马丁高兴,我就得这么做;如果想要升职,我就得这么做;如果想要得到年终大奖,我就真的得这么做。"

从理智的层面来说,克里斯汀很清楚这样做不对,但一旦面对每天的工作,她就只能遵循工作中的一条不成文的规定,那就是:按照老板说的做,你的工作就会比较好过。

克里斯汀和马丁的这种情况你肯定不会觉得陌生。在你职业生涯的某个时候,你可能会碰到一个上司沾沾自喜于自己的一套体系，但这套体系却一点也不适合你，即你上司喜欢做的一件事情你却不喜欢。虽然这种情形经常会让你感到困惑沮丧，但这并不是你上司的错。是的，马丁只是希望把这么多的工作完成。在他看来，唯一的方法就是把这些工作进行组织安排，按优先顺序进行排列，并按照这个顺序推进各项工作，而明细报告就能达到这种效果。难道马丁就没有权力像克里斯汀那样利用自己的优势吗？

他当然有。

所以说，问题就在于，这并不是一场对与错之间的战争，而是对与对之间的不可避免的冲撞。这只是现实工作中的又一个不幸但又普遍存在的问题，这种情况的结果都一样，两个字：浪费。马丁和克里斯汀不是在讨论，如何让克里斯汀在工作中发挥自身优势的问题，因此他们浪费了很多克里斯汀可以为公司的客户做出特殊贡献的机会，而讽刺的是，这却是马丁和克里斯汀的共同目标。

你会发现，你如何安排每天的工作，并不是由你上司来控制，你的优势和弱势也不是由上司来决定，你在各种事情上花费时间的多少，也不是由你上司说了算。但在你认识到这些之前，你将永远是他人境遇的受害者，而你也不可能有你应该有的表现。

但正如你看到的那样，解决方法还是有的。克里斯汀可以和马丁以及她的同事好好谈一谈，这样他们能知道从克里斯汀身上最可以期待什么，而克里斯汀又能从他们身上期待什么。这样一来，从克里斯汀开始，每个人都可以尝试在工作中利用自己的优势来帮助整个团队。

接着往下看，你可以决定到底是否要尝试一下我们建议的这种谈话，请记住：能从这些有分量的谈话中获益的不单单是马丁，还有克里斯汀。现实世界中有好多原因致使克里斯汀没有很好地利用优势避开弱势，其中一个很重要的原因，就是她没有勇敢地说出来，没有明确地告诉这个世界她的优势和弱势到底是什么。

你在害怕什么

现在克里斯汀已经很清楚自己的优势了，就像你熟知自己的优势一样。有了这样一种认识之后，克里斯汀应该可以轻松地走进马丁的办公室，告诉他这个事实："我很喜欢培训教员，但不喜欢写明细报告。"

但克里斯汀考虑的太多了。她很清楚，马丁听了她的话肯定会很吃惊，他的第一反应会怀疑克里斯汀是在试图逃避责任。你的上司可能也会有同感。这并不完全是因为他天生喜欢怀疑别人，虽然可能他就是这样的人。但更主要的原因是因为对于一个上司来说，他肯定会惊讶于下属说自己的做事方式令他/她感到精疲力竭或是困惑迷茫。之所以惊讶是因为上司要对你的工作表现负责，而为了消除这种与生俱来的恐惧感，上司就会对你所做的事情施加压力，一般来说就是告诉你，应该如何做你的工作。如果你走进办公室告诉他，他的这种"如何做"让你感到很不舒服，就会令他因为失去控制力而产生一种恐惧。他熟知自己的"如何做"，这是他与生俱来的，而你的"如何做"对他来说却是陌生的，因此会让他感到害怕。

你不能把这种恐惧看作是管理不善。这只是当他得知某个为他工作，由他负责的人想要用一种他不熟悉的方式进行工作时的一种本能反应。

既然说到了恐惧这个问题，那在你正式决定去找上司之前，你应该先克服自己的恐惧感。举个例子，当你向上司阐述你的优势时，你可能会害怕他会有以下一个或多个想法：

"她在自吹自擂。"

"她自以为在这个团队里是最厉害的。"

"她只想做那几件少得可怜的她喜欢做的事情。"

"她只关心她高兴做的事情，而不在乎到底哪些事是真正需要做的。"

"如果这些就是她所谓的优势，那她根本就没资格做现在这个职位，也许我应该给她换个岗位。"

同样，当你和上司谈你的弱势时，你也许会害怕他在想：

"她能力不行，做不了这个工作。"

"她就是懒，不愿意做这个工作来改进自己的弱点。"

"她太难弄了。为什么我要听她的，我完全可以再找一个更擅长团队合作还不那么反抗的人。"

这些想法可能并不会全有，但其中大部分都会出现。

为了帮助你克服这些恐惧感，你可以采用下面这个谈话顺序。当然，你需要根据你自己的情况，来变换每个谈话的具体内容。但如果你忽略这个谈话顺序，或者是跳过某个环节，那你得到他人帮助的几率就会大大下降。

对话1：聊优势

既不要把对话变成一个"目标确定的会议"，也不要把它当成一个"工作回顾"，就以聊天的方式开始。找个和你比较亲近的人聊聊你在过去的五个星期里发现的关于你优势的一些事情。这个人可以是你的一个家庭成员、朋友、同事，有时甚至可以是你的上司。但不管这个人是谁，最关键的是这个人要关心你，并且希望你能够获得成功。

在这个聊天过程中，你不是要试图去说服他/她什么，或是博得他/她的赞同，或甚至是请求他/她的帮助。你只是需要告诉他/她听你诉说，让他/她在你寻求最佳方式来表述你的优势时充当你的听众。

你之所以需要进行这种形式的聊天，是因为可能你还不是非常擅长谈论你的优势和弱势。听听别人在工作中的谈话，如果你仔细听，就会马上发现工作中的谈话是非常理智的。你会听到他们讨论的都是目标、进程、过程改进、预算、分析、战略、市场份额、装置以及增长曲线等。这种超理智不但适用于商业本身，同时也适用于商业人士，从这些人那里你可以听到各种术语，如能力、技巧、经验水平、领导风格、销售风格、晋升之道以及高潜质等。

这类语言让你听着很舒服，因为我们熟悉它的语法、俚语以及背后隐含的意义。在一个被一对无情的神灵"利益"和"损失"控制的世界里，这类语言似乎很适用于工作，而且在大多数时候情况确实如此。

但这种语言却不适合来描述优势和弱势。正如你知道的那样，用来描述优势和弱势的语言需要充满强烈的感情。为了能更准确地表现你的优势，你应该使用下列短语：

"这让我兴奋不已。"

"我喜欢这个。"

"我等不及……"

"我对……感到太激动了。"

而在表现你的弱势时，你也应该使用极具感情色彩的短语：

"我实在是不能忍受……"

"我觉得……是一种浪费。"

"我对……感到无聊之极。"

你知道如何使用这类语言去描述你生活的其他方面——你的人际关系，你的爱好，你的家庭——但你却不知道怎么用它来描述你的工作。

那该怎么学呢？就靠不断地练习。首先，两个中相对比较简单的是优势，所以你就先练习这个。打电话给你的好友，让他/她跟你聊会儿天，你在开始聊天前可以按下面的内容先告诉他/她一些相关信息。

"你看，上几周我一直都在做这个项目，而我觉得我应该更好地控制我自己的优势和弱势，这样我才能做得更好。你能陪我聊半小时吗？你只需要听我跟你描述我的三个优势。出于对你的尊重，我要事先声明我并不在意你是否同意我说的话，重点是你能不能听懂我的描述。所以你唯一要做的就是告诉我你听没听懂就行了，好吧？"

一旦他/她答应了，而且他/她也肯定会答应——因为你之所以选择他/她，就是因为你知道他/她肯定会答应你这种请求——那就按照以下步骤实施：

- 读一下你的第一个优势陈述；
- 举两个生动的例子来说明你在上一周利用你优势的情况；
- 详细介绍这个优势如何在工作中帮助到你；

- 照着这个方法再说一下另外两个优势陈述；
- 然后，当然就是谢谢你的朋友并且结束这次聊天。

整个聊天过程大概持续半个小时，你的朋友也许还要问问题，所以如果问题比较多，那时间就会更长一点。问问题是好现象，因为这些问题可以促使你选择更精确的字眼来描述你的优势，让例子更加生动形象，让优势与优势之间的衔接更加清晰明了，也更好地体现出这样做的好处——所有这些都会在你对付上司（并不是你最好的朋友）的提问过程中体现出它们的重要性。

当你结束这次聊天时，你会感到这个朋友确实是在听，而且也听进去了并且听懂了。那就接着再找一个好朋友聊。对的，你会觉得这是在重复，但不管怎样我还是鼓励你这么做，因为你需要不断地练习。

虽然你的倾听对象是你的好朋友，但你也要像跟上司说话那样严肃对待。如果你不和朋友先做做练习，那你的上司肯定就听不懂，这就不是你上司的责任了。

这样一来，你的工作就不会发生你所期待的改变，而这也不是你上司的责任。

对话2：我可以怎样帮助你

现在你已经做好准备去跟你上司谈一下你最近发现的关于你

自身优势和弱势的情况了,你确实希望能做点儿跟现在不同的事情。

最佳建议就是:安排一个"我怎样才能帮助你"的会见。这次会见的目的是为了向你上司描述你的其中一个优势,以及你如何挖掘这个优势来加快一个具体项目的进程,或者是改进某个工作成果的具体措施。选一个你的优势,再选一个受这个优势影响的工作成果,然后在会面时,详细地阐述这个优势和这项工作成果之间的因果关系。

不管你的上司有多么地喜欢你,他/她更喜欢的还是如何把工作做好。他/她喜欢主动,所以你要在会面前就准备好关于你想做的工作的各种实用的点子,以及具体的实施方法、具体时间和具体预算。你可以给你想做的改变编号,并设定时间表,尽量避免使用诸如更多和更好这样的字眼。你的上司肯定也喜欢突出重点,所以一定要确认你想得到的成果符合整个团队的总体目标。如果这是你最近一直在考虑的问题,那当然是最好不过了。

以下是你在会面前应该做的事情:

- 打电话给上司约会面时间。要确认双方都能全神贯注,不要在飞机或是群体会议上讨论这个问题。你要创造一个环境可以让你上司集中注意力。
- 告诉上司你要求会面的原因。先提供必要的背景信息,并解释这次会面的结果。你要让上司想要参加这次会面,并且看到这次会面的价值。打个比方,你可以说:

"您好，＿＿＿＿＿＿＿。我在想您是否可以在下周的某个时候腾出半个小时来。您可能也知道，我正在参与一个项目，并且从中学到了很多关于如何更有效地进行工作的东西。我非常希望能用一种最佳的方式来支持这个团队，因此希望可以和您分享一些关于我如何做出更多贡献的想法和计划。我觉得有些具体的想法确实能够对我有所帮助。"

以下是你在会面中应该说的一个范例：

"您好，＿＿＿＿＿＿＿。非常感谢您今天能在百忙中抽出时间来和我见面。在这里我想谈谈我如何能为这个团队做出更大的贡献。上几周我一直在做的其中一件事情就是找出各种让我感到精力充沛，以及对我的工作非常重要的事情，并且想出我怎样才能在现在的工作中多做这样的事情。如果我能多花点时间在这些我充满热情的事情上，那我的工作效率就会提高。所以我的想法是：我知道我们团队的其中一个目标（我们正在做的其中一个项目）是＿＿＿。"［详细描述该项目及项目成果］

"我的其中一个优势就是＿＿。"［描述你的优势］

"以下是我关于如何利用这个优势（这个优势如何能起到作用）的有关想法：＿＿＿＿＿＿＿＿＿＿＿＿＿＿＿＿＿＿＿＿＿

_____

_____。"

"您的看法如何？_____

_____

_____。"

"同意采取的措施（制定的时间表）：_____

_____

_____。"

请尽量严格按照这个顺序进行。期间，你的上司很有可能会打断你，所以你要事先准备好一些快速的"躲闪"语句，来确保对话顺利进行，如"我明白我们还需要进一步处理XYZ这件事，但请先听我说完"。即使你上司的问题分散了你的注意力让你偏离了整个顺序，你还是要把握住主动权。你要让你的上司在结束这次"我应该怎样帮助你"的会议之后，在脑海中考虑三个问题，按照重要性排序分别是：

1. 在如何帮助团队这方面他的想法很不错。我从来都没想到这些。

2. 他比我知道的要更主动。

3. 他很了解自己。

如果你能做到这样，那你就能游刃有余地处理接下去要进行的对话了：分别是关于你弱势的对话，以及你的上司如何能帮助你最大程度减少弱势影响的对话。

你要清楚一点，你之所以先做优势相关的对话，并不是因为这样可以让你的上司变得更愿意在你的弱势上帮助你。这种优势为本方式的目的，在于找出你如何加强自主性并为公司做出更大的贡献，所以这就是为什么在你和上司的第一次重要会面中要以优势为重点。

然而，作为一个边际效应，这第一次会面也为接下来的一系列会面创造了一个大环境。你在这件事情上所呈现出的积极态度，以及对提高自身工作效率的努力，都毫无疑问会对你起到很大的帮助。

对话3：聊弱势

既然以前也都在弱势中撑过来了，也就不在乎再多持续几周这样的生活了，所以过几个星期之后再进行对话3。然后打电话给一个非常了解你、关心你、真心诚意为你着想的好朋友再安排一次聊天。

这个关于弱势的闲聊非常重要——甚至比之前关于优势的闲聊还要重要——因为在聊天过程中你必须锻炼你不太擅长，但又必须在和你上司进行下一次会面前掌握的两项技能。

首先，你必须学会客观地描述你的弱势，弱势就是弱势，不能用欺骗的手段把弱势说成别的东西。看看你的三个弱势陈述，试着把它们大声说出来。请认真地试一下。

你用了什么语句？你是照着"当……我感到力不从心"直接念的吗？

或者你是说"当……我感到很无聊"，还是"当……我感到很迷茫"？

或者是这些语句感觉不太正确，你挑了一些别的说法，诸如"当……我就是感到不舒服"或"当……我会生气"？

但不管你用了什么样的语句，你会发现说出来的时候，听起来都不是很强硬，那就再试试别的。

试着就用陈述卡片上的那些语句把你的弱势大声地说出来。就让这些话赤裸裸地说出来，让自己的耳朵真实地听到，并让自己切身体会这种感觉。

这种感觉可能不是很好，也很陌生。你一定要学会这样，是因为你得在你的上司面前做这样的客观描述。

这里我提供给你两个最普遍接受的句子。

"当……我似乎要花费挺长的一段时间（我确实感到没有什么效率）。"

不管怎样，说没有效率让人感觉比说弱势要更容易让人接受。或是：

"当……我就是感觉好像自己没什么好的想法。"

没有人能在工作的方方面面都保持创造力和创新性，所以承认某件事情让你脑子的运转速度减慢可能会让你更容易接受。

你必须学会的第二个技巧就是如何进行回绝。不管是在和你好朋友，还是和你上司的对话中，在你说出自己的弱势之后，如果没有任何后续动作，那双方都会觉得这些弱势就像是脏衣服一样横挂在两个人之间，让人感到很滑稽。你是否发现你每次在家或在工作中，跟谁说你在费劲地做某件事情，或是你不想再做某件事情时，听话人都不可能对此毫不理会？他们不会就那么听听就算了让情况照旧持续下去。相反，他们的第一反应就是告诉你应该怎么来克服这些问题。因此，如果克里斯汀跟一个朋友，或同事，甚至是马丁说做明细报告很费劲的话，这些人很有可能会给她提供一些"实用"的建议：

"用Excel做之前先把这些写在纸上，你就不会觉得有那么难了。"

或者他们又会用这些话语来鼓励你：

"一旦你习惯了就没那么难了，你看吧。"

又或者是他们会用一些至理名言来激发你：

"好吧，在工作中我们都会碰到一些自己不喜欢做的事情。坚持下去，你可能就会发现这些不好的方面会让你变得更珍惜你工作中那些好的方面。"

当然这些建议的出发点都是好的，但是这并不是你想要的。

你并不是想学习一些窍门来改进你的弱势，即使一旦你"习惯了"这些事情，它对你来说也不会变得容易，而且你也不需要用你的弱势来衬托你的优势。你只是想要脱离这些弱势，这样，它们就不会像现在这样拉你后腿了。

因此，为了确保谈话不偏离轨道，你必须学会如何回绝这些善意的建议。下面这些话效果最好：

"谢谢。但我注意到每次做这件事，我的效率就会下降。我真正想要的就是少花点时间在这件事情上，这样就可以在我的优势方面取得更大的成果。"

最后一句话是关键所在。没有人能反驳这个，尤其是"取得更大的成果"。所以，在你聊你的弱势时，确保你能用几次上述这样的话语。张开嘴，听自己说。在和你上司说的时候一定会有用的。

把这些都记下来之后，我建议你在聊弱势的时候应该遵循下列顺序：

- 读一下你的第一个弱势陈述；
- 举两个生动的例子来说明这个弱势如何让你的效率下降；
- 照着这个方法再说一下另外两个弱势陈述；
- 最后谢谢你的朋友并且结束这次聊天。

在这周的晚些时候，打电话给另外一个朋友，再聊一次。

对话4：你可以怎么帮助我

现在你已经做好准备和你的上司再进行一次会面了。这次谈论的不是"我可以怎么帮助你"，而更多的是"你可以怎么帮助我"。这次会面的目的和上次谈论你弱势的会面不同。你不用把你的弱势依次列出，并举例说明这些弱势对你的影响。很少有上司可以忍受这样的会面。

但你得让你上司忍受的了。也许听起来很怪异，事实上是你要让他/她对这种会面充满期待。你可以按照以下步骤实施。

首先，这次会面的重点应该是让你上司帮助你找到改进你工作效率的方法，而不是抱怨你工作中的某个方面，或是告诉他/她你的某个癖好。在整个会面过程中也许需要你暴露某些个人癖好，但这并不是重点。再重申一遍，你是要寻求帮助来提高自己的工作效率。

因此，你可以按照下面这段话来安排你的这次会面：

"上次谈话后，我又有了一些关于如何更好地利用我的优势来把工作做得更好的想法。但我还是需要您的帮助，所以您能在下周的某个时候抽出半个小时的时间跟我谈一谈吗？"

然后，在会面之前，把对你充分发挥优势影响最大的那个弱势挑出来，同时想出三四个能最大程度削减这个弱势的方法。如果你想不出什么点子，那就求助一下STOP战略，用上面的问题把这个弱势审视一遍。

在用这个方法的过程中，当你进行到S部分和T部分时，如果你发现你还是不能停止做这件事情，而且团队中也没有别人可以替代你来做时，千万不要泄气。再想想别的方法，尤其是在STOP战略的P部分。以克里斯汀为例，她既不能放着明细报告不管，也找不到或聘请到别人帮她做，但这两个并不是她的唯一选择。她可以向马丁提议：每天下班前她给马丁发一封语音邮件，或者是用写邮件的方式来详细汇报每个项目的进展情况。克里斯汀并不在意很多事情同时进行——她喜欢这样。但她不喜欢通过Excel这种表格来看这些项目的进展。如果她可以换个角度来看待这个问题，那她就不用那么头疼了。

但事实证明克里斯汀和马丁并没有谈论到这个方法，虽然谈论这个本应该是理所当然的。为了做好充分的准备，你应该事先准备一些可能的解决办法，每一个都要可以让你能够更充分地发挥你的优势。

如果你认为你已经准备好了，那就照着"我可以怎样帮助你"会面时的顺序进行。下面是你在会面中必须说的话，当然要根据你自己的实际情况进行修改：

"您好，_____。非常感谢您今天能在百忙中抽出时间来和我见面。在这里我想谈谈我如何能为这个团队做出更大的贡献。我注意到一件事情，就是每次我_____

_____［描述你的弱势］时似乎效率都不高。因此，我觉得这应该是我的一个弱势。我在想是不是可以减少在这件事情上所花费的时间，或者是避开这件事情从而让自己可以多做一些我们前两周讨论的那些事情。"

"以下是我的一些想法：_____
_____
_____。"［描述较实际的想法］

"您的看法如何？您有什么想法可以让我用一种不太一样的方法来完成您（这个团队）需要我做的事情？_____
_____
_____。"

"同意采取的措施（制定的时间表）：_____
_____。"

［描述你和你的上司商量之后，决定采用的能够帮助你做出更大贡献的措施］

就是严格遵循这个结构和顺序，克里斯汀和马丁解决了明细报告这个"悲剧"。他们曾打算雇一个人来担任项目经理这一职务，负责提供各种项目相关的信息，但最后他们觉得本部门无法承担这个开支。于是他们考虑了克里斯汀提出的每周发语音邮件或普通邮件的主意，并且尝试了几周，但马丁发现明细报告的习惯已经根深蒂固，一旦没有明细报告他就无法在脑海中把各种细节组织起来。他感觉到有点失控。最终他们达成协议：马丁和克里斯汀每周碰一次面。克里斯汀把各个项目列出来，而马丁则负责把这些项目加到他的明细报告上去。一小时后这些工作就完成了。克里斯汀很高兴，马丁也找回了感觉，双方皆大欢喜。

其实停止做那些你不喜欢做的事情，也并没有那么困难。而你最终采取的方法也并不一定就是标新立异。最重要的是要记住这个原则：学会如何描述你的弱势，对你自己的想法进行一些修改使它们更加实用，最后跟上司讨论商量一下，这样就能体现出你是在积极地想利用你的优势多做一些事情（你是这样的人），而不是一味地抱怨，希望整个世界来迎合你的想法（你不是这样的人）。

给优势理念经理的建议

马丁在这几次会面中扮演了一个什么样的角色呢？简而言之，是一个典型的好上司形象：竭尽全力使克里斯汀的优势和弱势组合在现实工作中发挥出实际的作用。

虽然事实如此，但不免还是有点理论化。如果你的处境跟马丁一样，那下面这些建议可以帮助你更好地扮演这个角色。

➜ 你的主要角色就是倾听你的员工，确认你听到的话，并给出实用的意见和建议。

你的主要角色并不是肯定或否定这个员工的优势和弱势。你也许对他/她有更主观的判断，虽然这种判断并不确定。但有一点是肯定的，那就是他/她比你更清楚他/她自己喜欢做和不喜欢做哪些事情。因此，你要好好聆听并且信任他/她说的话。

➡ 如果你不能让一个员工就这么把某件事情扔在一边，该怎么办？

如果实在是因为需要这个员工来完成某项任务，不能批准他/她的请求时，也可以。这时候你会说："你看，我需要你现在就把这件事做了。"但你要清楚，如果这件事情是他/她的一个弱势，那不管让他/她做几遍效率也不会提高。如果你需要员工现在就做某件事情，那你得让他/她知道并不是没有商量的余地，他/她可以和你一起找个方法避开这件事情，但不管如何任务还是一定要完成。

➡ 如果一个员工要求多做某件事情，但你觉得其实他/她并不擅长这件事情时，该怎么办？

首先，要确认你已经基于下列问题对这个员工做出了正确的评价：（1）你是否经常看到他/她做这件事情，以此来支持你得出的结论？（2）他/她是否经常做这件事情但确实不擅长？（3）他/她不擅长此事是不是因为没有太多机会接触，是不是给予相应指导就可以做得很好？

你的结论很有可能就是正确的：这方面确实不是这位员工的强项。这时，你作为他/她的上司就要果断地做出判断，并且告诉他/她虽然他/她强烈希望做此事,但他/她的表现还不尽如人意,可以拿他/她平时表现的事实情况解释给他/她听。然而,俗话说的好:只要功夫深,铁杵磨成针。所以在拒绝某个这样的请求时,一定要先对你的员工做出一个正确的评价。

➜ 如果某个员工想停止做的事情很多,而你认为这是他/她在偷懒,该怎么办?

这种情况当然也有可能存在。如果你能证明你的判断是正确的,那你需要把他/她撤职或是直接开除出团队。但在采取这种极端的方式之前,你要再确认一下。你可以问问这个员工,"如果你想停止做这件事情,那空出的时间你打算怎么安排?如果你不想做这个,那你想做什么?"让他/她设身处地地想一想,并且让他/她明白如何用自己的优势来取代弱势。

➜ 如果该项工作的某些职责是永远无法改变的,该怎么办(比如说,作为一个销售人员就一定要做电话报告)?

每个人总有一些他/她不愿意做的事情。问题是:他/她需要在这些事情上花费自己的大部分时间来争取出色的工作表现吗?如果答案是肯定的,那就是时候换个角色了。但如果答案是否定的,那是否可以采取一点措施,来让这些事情变得不那么枯燥或是不那么烦人?是否可以转换一下看这件事情的视角?是否可以最大程度地减少花在这件事情上的时间?是否可以找个人一起合作?STOP战略可以帮你解决这些问题。

➡ 如果你的员工没有读过这本书，无法形象地描述他/她的优势和弱势，该怎么办？

你得自己准备一些问题，来从员工的回答中获取你想要的信息。我强烈推荐下面的四个问题。虽然这四个问题不可能帮你从员工身上获得所有关于他/她的优势和弱势的相关情况，但至少可以让你有个很好的开始。

● 我应该在哪些方面期待能看到你最优秀的一面？
● 你的哪些方面在什么时候可以让我信赖？
● 我该在什么时候给你施加一点压力？
● 我应该积极地帮助你避开哪些类型的事情？

➡ 开一个讨论会，让你的整个团队成员可以一起分享各自对自身优势和弱势的一些想法。

安排一个时间让整个团队可以聚在一起。彼此之间可以互相交流一下你的三个最大的优势和三个最大的弱势。讨论会可以按照下列步骤进行：

1. 把团队中每个成员最大的三个优势和三个弱势做成表格，在讨论会上公开。

2. 让每个成员向团队的其他成员描述自己最大的优势和弱势。

3. 然后让其他团队成员依次举出能证明该位成员最大优势的实例。这是让每个团队成员进行互相确认。

4. 重复上述两个步骤，但这次的主题是每个成员最大的弱势。

当你在屋子里四处走动时，记得一定要让每个团队成员都举出能证明这个弱势的实例。

5. 考虑下述问题：是否有整个团队成员都喜欢做的事情？如果是，你如何能利用这些优势来帮助整个团队获得胜利，赢得名誉？是否有需要整个团队成员全部参与的情形，是否有一些整个团队需要主动出击的项目？

6. 考虑下述问题：是否有整个团队成员都讨厌做的事情？如果有，而又不能不做，那就用STOP战略审视一遍。你也可以举行一个比赛看谁能更快地解决这件事情，获胜者可以赢得由整个团队提供的一顿免费午餐。或者你也可以让大家轮流做这件事情：这周由乔恩负责文件归档，下周换玛格丽特，表现最出色的人可以在"文件归档星期五"那天获得一杯免费的星巴克特色饮料。一定要积极减少这些事情对整个团队的负面影响。

➜ **一定要利用你对团队成员优势和弱势的了解，来分配具体工作和建立项目小组。**

从理论上来看，这种做法很复杂，但实际操作起来却非常直截了当。鉴于你之前已经完成了第一到第四步的工作，而且你也已经和每个团队成员进行了一对一的有效会面，你就会发现当你的团队再次聚集在一起讨论如何实施一个新项目时，大家会提供各种实际有效的建议。事实上，你会发现建立一支以优势为基础的团队其实就像下面所列的那么简单：

1. 整个团队坐下来一起讨论该项目的范围、目标以及结果。

2. 让团队成员确定各项具体任务。

3. 询问有谁愿意主动负责各项任务。

4. 还有遗漏吗？再详细讨论一下成员之间该如何互相配合确保剩余工作的顺利完成。

5. 你可以选择：在每周例会上，询问每个成员在各自优势上所花费的时间并记录下来。这看起来好像是骗人的把戏，但这是一种很好的方法，来尽早确认是否有人在影响整个团队的工作进度。这么做的目的并不是想在众人面前让这个成员难堪，而是为了激励整个团队采取行动一起来帮助这个成员，同时也是帮助整个团队重新步入正轨。

海蒂的上司乔治娅很有可能会承认自己并不是一个很好的上司，然而她却用她的亲身经历给我们提供了许多生动的实例。

事实上，正如你看到的，乔治娅的经历带我们更进了一步：她展示给我们的并不是说商界有大震荡就不利用员工的优势了，相反正是要把握这些震荡来更好地挖掘员工的各种优势。

乔治娅的团队

与此同时，海蒂也开始自我审视自身的优势和弱势，而乔治娅以及乔治娅的上司斯考特，则从外围来考察整个行业的发展趋势。他们很清楚，宾馆这个行业已经开始走出低谷，效益逐渐好转。最好的例子就是汉普顿品牌的大力扩张。他们知道这种发展趋势会影响到海蒂和其他十二个品牌经理，以及整个绩效支持小组。

当乔治娅坐在孟菲斯汉普顿总部的一间会议室里时，这种发展趋势更加得到了证实。乔治娅和汉普顿的高级管理层正在讨论第二年的年度预算，桌子正中摊着一份写满标识的美国地图。每个州都标明了该州汉普顿宾馆的数目，这个数字边上则是未来三年该州要新建的汉普顿宾馆的数目。扫一眼这张3D的地图，你不难发现在不久的将来汉普顿要新建的宾馆超过了100家。

虽然乔治娅进入汉普顿绩效支持小组担任高级经理一职只有8个月的时间，但表现却非常出色。很快乔治娅就意识到这样一种发展趋势，对她所在的团队意味着什么，而她又该采取什么样的行动。从项目数量的增长来看，应该再新增加一个区域，这就意味着要多招至少两名员工。于是她曾想过把这些新宾馆划分给她现在的团队成员进行管理，但她又马上否定了这个想法，因为这样一来新宾馆就显得太过分散了。

在她考虑的过程中，她越来越觉得这是一个对本部门进行重组的大好机会，从而可以建立起一个新的体系。"这并不意味现行的做事方式有什么不妥，"乔治娅说，"我们的品牌小组在年度调查中总能得到客户的高度评价。但在未来的几年里，每年都要新建100家宾馆而且这个增长速度还会一直持续，所以我们需要换个思维来考虑问题了。"

需要申明的一点是，乔治娅并不是需要通过在公司制造大变动来引起大家的注意。虽然她刚接手这个职位，但对汉普顿绩效支持这一块却并不陌生。在她负责这个小组之前，她也和海蒂一样曾经是一名品牌经理，所以她很清楚任何变动都会给她的团队带来影响。

回到办公室后，乔治娅开始考虑对一个品牌经理来说这意味着什么，以及这些品牌经理各自不同的经历背景。他们每个人都有或多或少的销售及宾馆业的工作经验，其中一些曾是区域经理或是销售经理，还有一些则在质量保证或是经营管理方面有过工作经验。

乍看之下，汉普顿的快速发展会加重每个小组成员所承担的责任，因此就需要增加人手。但如果不增加人手呢？如果这些品牌经理从多面手转变成项目主题专家呢？这样是不是就可以提高每个品牌经理的工作效率，从而也提高他们能够在这样一个时期更多地帮助公司快速发展的能力？如果真是这样，那每个人的能力提高了，是不是就能够在不增加人手的前提下仍然可以给这数百家新宾馆提供必要的工作支持？

乔治娅先把工作分解成若干核心部分，并详细规定各个品牌经理需要负责的关键区域，同时她还把品牌经理划分成三大类：第一类的品牌经理需要就各项设备的总体情况和客户服务跟宾馆进行联系。客房、早餐餐厅、前台等都要符合整个连锁的统一标准。

第二类的品牌经理要把握一切机会来改进宾馆的销售和利润。他们要帮助各家宾馆通过电话或网络预订客房，确保传达某些全公司范围的特殊报价，同时还要设法提高汉普顿品牌的综合形象。

第三类的品牌经理负责新宾馆开业前各类相关事项的准备工作——从特许经销商签订合约到新宾馆正式开张——确保每个新宾馆都以汉普顿的名字顺利开张。

乔治娅自然而然就想到了她手下的品牌经理，并且考虑每个经理会希望自己在一个分工更加专业的团队里担任什么角色。海蒂适合做销售和利润类工作，还是更适合处理新宾馆开业类工作呢？汤姆呢？乔治娅确信汤姆适合做产品和服务类的工作。就这样，乔治娅照着名单挨个考虑每个经理的优势最适合做什么样的工作，能在哪个工作岗位给整个团队做出最大的贡献。

处理完这件事情之后，乔治娅就和斯考特坐下来商量如何把这个计划付诸实践。他们讨论了各种方法，力求让汉普顿发展成为中等规模宾馆中的龙头老大。最后，他们认为最佳方案就是对部门进行重组，把品牌经理分成三个明确的类别：销售及利润经理、产品及服务经理，以及新宾馆开业经理。

在这个方案得到汉普顿品牌管理高级副总裁菲尔的肯定之后，乔治娅他们开始给各个品牌经理分配任务。

其实乔治娅等人也在思考一般公司都是如何来实施这类重组，

并且询问了人力资源部门是应该让各个品牌经理自己来做选择，还是就像乔治娅那样根据她自己的评价来分配任务？这种情况下，外界的顾问人员也会参与进来，大家一致觉得应该由乔治娅来主动把整个团队分成三个不同的类别。

对于这个决定，乔治娅起先比较犹豫。"就那么走进去然后宣布'你去做这个'看起来并不能让这个新体系取得成功，"乔治娅说，"就是感觉不太对。"

在和顾问人员经过了一个月的磋商之后，乔治娅做出了自己的决定。于是她安排了一次会议。

首先，斯考特宣布了这个新构思，并且对未来的一些战略性变动做了相应的解释，然后乔治娅提出了这三类分组，并列出了每类角色的职责，然后让在座的各位经理选择他们最适合的角色。乔治娅让大家先用几天时间好好考虑一下，然后她再安排一对一的会面来和每位经理商讨他们的决定。在此之前，乔治娅让他们先回答以下四个问题：

1. 你最喜欢你工作中的哪个方面？
2. 在过去的半年中，你在哪方面取得了最大的成功？
3. 在未来的一到三年时间里，你认为自己会在哪方面做出最大的贡献？
4. 基于你的优势、天资和能力，你觉得在哪个方面能为整个品牌小组创造最大的价值？（每个品牌经理都已经捕捉、阐明并确认了各自的优势，而且也已经经过了人格类型量表和克利夫顿优势识别器的测试，乔治娅要求他们在回答这个问题时参照这些结果。）

关于这些人的选择，乔治娅当然也有自己的想法，她甚至把她所认为的结果都写在了纸上。她说："最终结果和我设想的大体一致，但还是出现了一些意外。"

拿艾琳打个比方。"我以为艾琳会选择销售及利润组，因为她之前就是做这个的，"乔治娅回忆说，"但是她选择的是新宾馆开业组。直到我们双方坐下来讨论她的决定时，我才开始回过神来。"很显然，要理解艾琳的这个选择，你就需要了解一件特殊的事情：她喜欢在做事情时了解各个步骤的情况。而在这三类角色中，新宾馆开业组的工作步骤界定得最为清楚明确。和新宾馆所有人之间的联系，都要遵循特定的时间表，文字工作的归档也有特定的时间限制，而且对新宾馆进行开业前检查的时间也是特定的。新宾馆开张之后，还要进行开业后检查才能由销售及利润组的经理正式接手。而艾琳就喜欢这种确定性。

"我们谈话之后，我回想到在之前的小组会议上，艾琳总是想了解工作的各个细节，而且她真的是不喜欢有不确定性的事物发生，"乔治娅说，"这样看来，她确实是适合做这种类型的工作。但在我们谈话之前，我却做了一个错误的判断。"

虽然乔治娅在个人优势应该发挥在哪方面这个问题上很开明，不固执己见，但在有些问题上她的立场就很坚定了。"汤姆曾从事过信息技术和质量保证这方面的工作,而且对宾馆的日常管理工作非常了解,"乔治娅说,"我把他归入产品及服务组。但当他告诉我想去销售及利润组时,我非常不能理解。"乔治娅问汤姆的第一个问题就是,他是不是真正喜欢打销售电话。可能是惊讶于乔治娅会这么问,或者是出于真的喜欢打销售电话,汤姆的回答是,"难道有人不喜欢吗?"

于是乔治娅就问汤姆在参观一个宾馆时,他最看重的是什么。汤姆不假思索地说他喜欢看宾馆的性能,而且会最先去参观客房。然后他说他最喜欢和宾馆所有人商讨改进计划,详细记录该宾馆所有需要改进的地方,从而使之符合特许经销商合同中的各项规定。最后,他还说到在他帮助宾馆所有人找到新方法来节省汉普顿项目开支的过程中所获得的满足感。"他的每一个回答对我来说都证明他适合'产品及服务组'的工作,"乔治娅说,"我想在他听自己描述喜欢做的事情时,也会变得更了解自己。第一次谈话之后我觉得他还不是很死心,但在后来的几次谈话之后,汤姆表示他很开心我能够指导他去做可以充分发挥他自身优势的工作。"

在宣布实施新制度后的几个月内,乔治娅就已经发现整个团队的工作表现发生了巨大的变化。

"现在他们都很清楚各自的工作职责,"乔治娅说,"这样他们就比较容易看到自己的具体工作成果,以及需要改进的地方。比方说我们要做的这个产品改进计划,它详细地说明了一个宾馆需要在哪些方面加以改进，从而达到汉普顿的统一标准。但问题是我们没有数据库来记录每个宾馆产品改进计划的实施进度，大家都在犯难。但在最近的一次会议上，我们的一个产品及服务经理，希莉亚，开始谈论如何改善这个产品改进计划。她的建议确实不错，而且她已经开始主动和质量保证组合作着手建立一个数据库。起先质量保证组的人说他们大概可以在年底前完成这项任务，于是希莉亚就不断地跟他们商量，并且解释如果不能尽快完成这个数据库，那么宾馆所有人则无法理解对他们的要求，而汉普顿宾馆绩效支持小组因为无法了解每个宾馆的进程，所以也就无法确保提供给宾馆所有人相关信息，从而来让他们达到这些要求。"

经过不断地商讨，情况渐渐明朗，由缺少这个数据库而引发的混乱状态确实已经造成了利润的流失，并且失去了特许经销合作商的信任。结果呢？本来预计要8个月才能完成的一个系统，在短短两个月时间里就建立起来，并且投入使用。

对乔治娅来说，另外一个现在看来显而易见，但之前却从没想过的改变就是，派了销售及利润组的两个经理去参加了国家商务旅游协会的展览会。与会期间，乔治娅手下的这些经理第一次真正了解到了像IBM、家得宝、通用集团这些公司客户的需求，从而可以让汉普顿成为这些公司开展商务旅游时的优先考虑对象。"因此，最近我们已经应IBM的要求，把我们宾馆的计划书发过去了，我们将被列入他们的优先宾馆项目。这也是卡尔努力的结果（参加展销会的其中一个市场销售经理)。参加完展销会后,他给他的团队发了一封邮件阐述了让每个汉普顿宾馆跟公司建立关系,从而了解采取何种措施来吸引公司客户的重要性。在此之前我从来没有看到过这样的邮件。他表现得非常积极主动,因此他负责的宾馆就又多了一个增加效益的机会。在以前的那种旧体制下,这种事情是绝对不可能发生的。如果没有侧重点,品牌经理就比较被动了。"

那海蒂现在负责什么呢?正如我们在前一个步骤中介绍的那样,因为海蒂喜欢和积极肯干的所有人及总经理分享她的各种想法,所以她自然就选择了新宾馆开业经理这个角色。由于比过去有了更明确的侧重点,海蒂已经做出了相应的改革,不仅影响了汉普顿,还影响了所有汉普顿旗下的品牌。

在这个最初开始这一切变化的会议室里,乔治娅手下所有品牌经理的个人照片在墙上排成了一排。如果你让乔治娅说说她团队中每个人的优势,她会轻而易举地列出每个人的三个优势陈述,以及在过去的几个月里,通过谈话让她对这些品牌经理的优势和弱势形成的一些看法。

"最主要的就是我们在完成越来越多的工作,而且我们越干越好。"

养成牢固的习惯
BUILD STRONG HABITS

如何永远保持？

GO PUT YOUR STRENGTHS TO WORK ▶

优势发现之旅

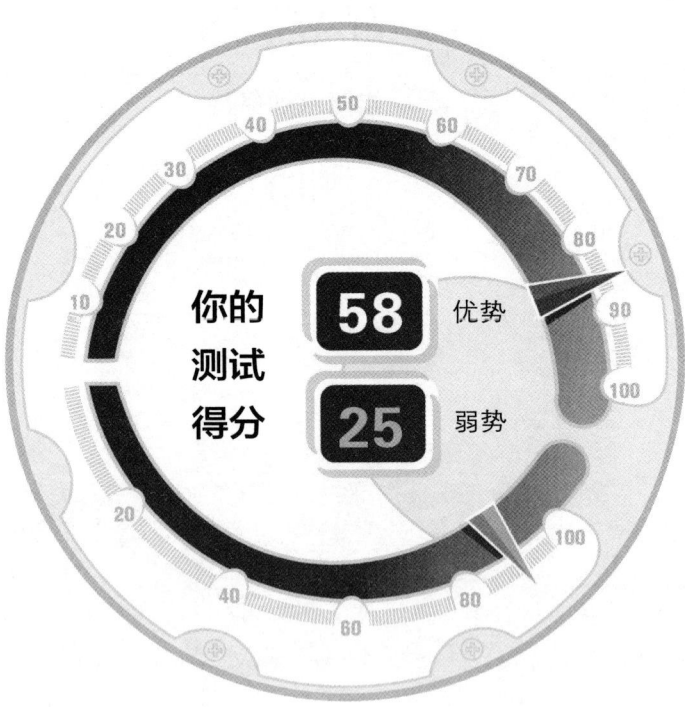

我们第一次提到海蒂是在本书的第一步中。现在六个星期过去了，这就是海蒂的测试得分情况。跟她交谈的过程中，你就会发现她身上发生的变化。真正的海蒂又回来了，她在工作中，又恢复到了大家都一直期待的样子：精力充沛，工作有效，每周处理很多工作，还能保持勤学勤问，力求把工作做得更好。她对工作的热情又被重新点燃了。

当然对你来说也是这样。到目前为止，你已经付出了巨大的努力，你已经捕捉到了你的优势和弱势，做出了一些艰难的决定，还经历了几次煎熬，但却还是很有效率的谈话，而且还改变了你的工作方式和工作重点。你现在应该重新做一下优势测试，看看在过去的六个星期里，在利用自身优势方面取得了什么样的进步。

我虽然不知道你的测试结果，但你的态度、行为，最重要的是你的表现都证明了一点：跟六个星期之前相比，你现在更有意识地持续发挥你的优势了。

面对这样一个并不真正关心你优势的世界，你要做的就是继续并加快建立牢固习惯的这个过程。为了帮助你，我们就直接进入正题。下面的五点是你必须养成的习惯，这样才能保持一种充满热情的生活。毕竟最有利害关系的就是你的职业生涯、你的工作生活、你的成功以及你的满足感。

养成牢固的习惯

1. 每天查看你的三个优势陈述和三个弱势陈述。

我知道这么做听起来很重复,但你要清楚,这些陈述的特性之一就是描述得很细致。没有人会像你自己那样关注你自身的优势和弱势,而且也没有人会像你那样坚定对你自身优势的立场,因此这需要你自己做决定是否有必要逐字记忆这些陈述。当你在这个无情的世界中来回挣扎时,这些详细的陈述可以令你保持头脑清醒,并且告诉自己如何保持工作效率,维持创造力和较强的适应能力。这些陈述可以巩固你已经做出很大成绩的那些方面,同时也可以告诉你将来可以在哪些方面做出更大的成绩。因此,你要记住这些陈述,而且是用心去记。

2. 每周制订一个强势周计划。

在每周开始前给自己制订一个一周计划,尽量靠近理想中的一周的安排。每周挑出两件能发挥你优势的事情,以及另外两件让你可以最大程度削减你弱势的事情。每周你都要有两个这样的想法。没有?那就用FREE采访来检查一下你的优势陈述;如果是弱势,就用STOP战略。你的工作总会有可以调整的空间,但如果你自己不主动用做你喜欢的事情去填补这个空间的话,那别人就会用强迫你做你不喜欢的事情来填补。你已经开始有规律地执行这个强势周计划，现在你需要把它变成你的一个习惯，一个比外部世界盲目的力量更强大的习惯。

3. 每个季度总结一次你的优势。

把这件事写在日历上，每季度一次，约你的上司就这一季度做一个半小时的谈话。再看看你的强势周计划，着重注意三件事情：通过挖掘你的优势或是最小化你的弱势，可以让你比别人为这个团队做出更大贡献的三个清晰可见的方面。在过去的三个月里，你可能做了很多事情，但在该季度结束时，你的记忆可能就已经模糊了。因此，这次会面的首要目的就是让你和你的上司都清楚地记住你的优势在哪些方面，以及如何帮助了你。其次，这次会面也是给自己勾画一下下一季度你要在哪些方面如何做出更大贡献的草图。这次会面会让你受益匪浅——而且不管你的上司知道与否，他也会从中获益。因此，好好做，让你的上司期待听到你的总结。

4. 每半年花一周时间来发现，阐明并确定你的优势。

你的基本性格不会有太多改变，但你的优势却会。每隔半年捕捉一下这些变化，毕竟发挥你的优势，并不意味着只盯住你职业生涯中的几件事情。相反，随着你事业的发展，你要继续多学多问，不断试验，并且在情况允许的范围内主动承担新的责任。而在你做的过程中，你的优势和弱势可能也会随之产生变化。

要始终让自己能在最短的时间内洞察到这些细小的变化。每隔半年就腾出一个星期来捕捉你对这一周工作的情绪反应。就像你在第三步和第四步中做的那样，对你最喜欢做的事情和最不喜欢做的事情进行阐述；接着，如果你觉得有必要，就通过优势测试和弱势测试来对这些事情进行确认。最后，完成三个优势陈述和三个弱势陈述。

你可能会发现这些优势和弱势没有发生任何变化。如果是这样，那这样一个过程可以促使你继续关注这些优势和弱势，并且围绕这些来构建你的生活。或者你会像我一样发现自己的优势和弱势的一些细节发生了变化。但不管是哪种情况，如果你想在工作中维持最佳的水平，取得巨大的成就，那你就要自己决定是否要和你的成长进步保持一致。

5. 每年做一次 SET 测试。

大多数人只有在可以对某些事情进行衡量时才会认真对待。财富、重量、速度、燃料的消耗，所有的这些在我们可以用一种简单的标准来进行衡量时，就会变得如此有趣。如果你告诉我们不要吃黄油，我们不会听；如果你说我们的胆固醇已经超过200克，我们马上就会重视起来。在把你的优势放到工作中去时也是这样。除非有确切的数字，否则就吸引不了你的注意力，而如果你不集中注意力，那在工作中就很容易受到伤害。因此每年做一下SET

测试，你将看到自己的进步，而这个进步将会成为你工作表现和贡献的一个重要体现。对此要多加留意，因为这能让你预见自己的未来。

即使你满怀热情和信心贯彻执行着这五个习惯，还是会不可避免地遇到一些情况会减慢，甚至是阻止你的进步。为了帮助你克服这些困难随时保持优势，下面列举其中最常见的一些困难。在你的整个职业生涯中，即使不可能全部遇到也至少会碰上其中的一半。

五个牢固的习惯

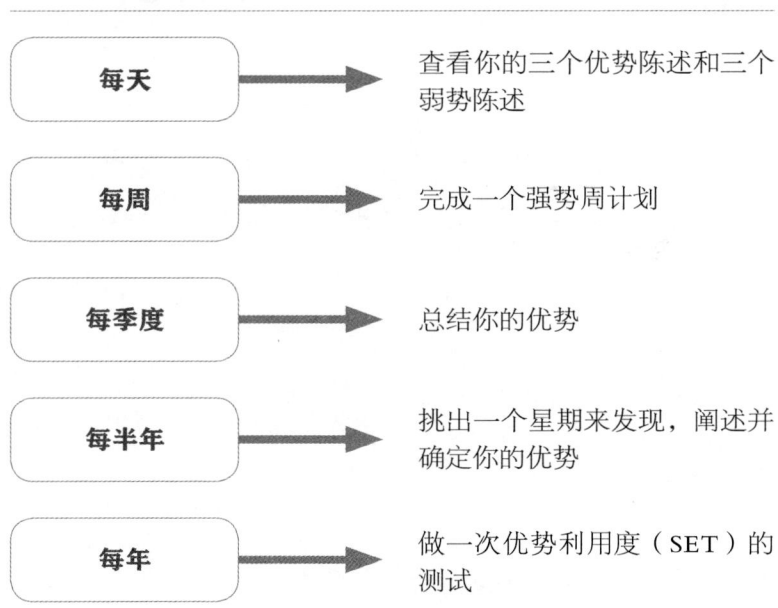

每天	查看你的三个优势陈述和三个弱势陈述
每周	完成一个强势周计划
每季度	总结你的优势
每半年	挑出一个星期来发现，阐述并确定你的优势
每年	做一次优势利用度（SET）的测试

当然，即使有了这个规律，要坚持你的优势也不会就一帆风顺。法国作家阿纳斯·宁曾对风险有过这么一句很贴切的评价，虽然我相信她本意并不是指坚持优势的风险，但还是很有借鉴意义："当风险需继续封闭在萌芽状态的时候，变得比风险之花绽开的时候更加痛苦时，那这一天就到来了。"

我希望这本书让这一天离得更近了。是的，绽放时有风险，把你的生活押在你的优势上也有风险，但对你来说，如果你什么都不做，那未来的风险就将会更大。

尾声
表明你的立场
CODA:
TAKE YOUR STAND

以下就是我的信念：

我相信你有与众不同的优势。

我相信没有人会跟你有一模一样的优势。

我相信当你知道如何发挥你的优势时，就会变得精神集中、慷慨大方、办事有效、善于创新，同时也变得更具适应性。

我也相信一旦你开始做，你的客户、你的同事、你的公司和你自己都会获益，每个人都会从中获益。

但我的信念并不重要，重要的是你的信念。

所以就让明天变得更加美好、更加积极，每天起来都先问问自己："我的优势是什么，今天我应该怎么发挥这些优势？"你知道自己的优势在哪里，你也知道你的真实想法是什么，所以相信自己的优势，对自己充满信心，把你的立场清楚明确地展示出来。

表明你的立场

TAKE YOUR STAND

SET职业优势网站 使用指南

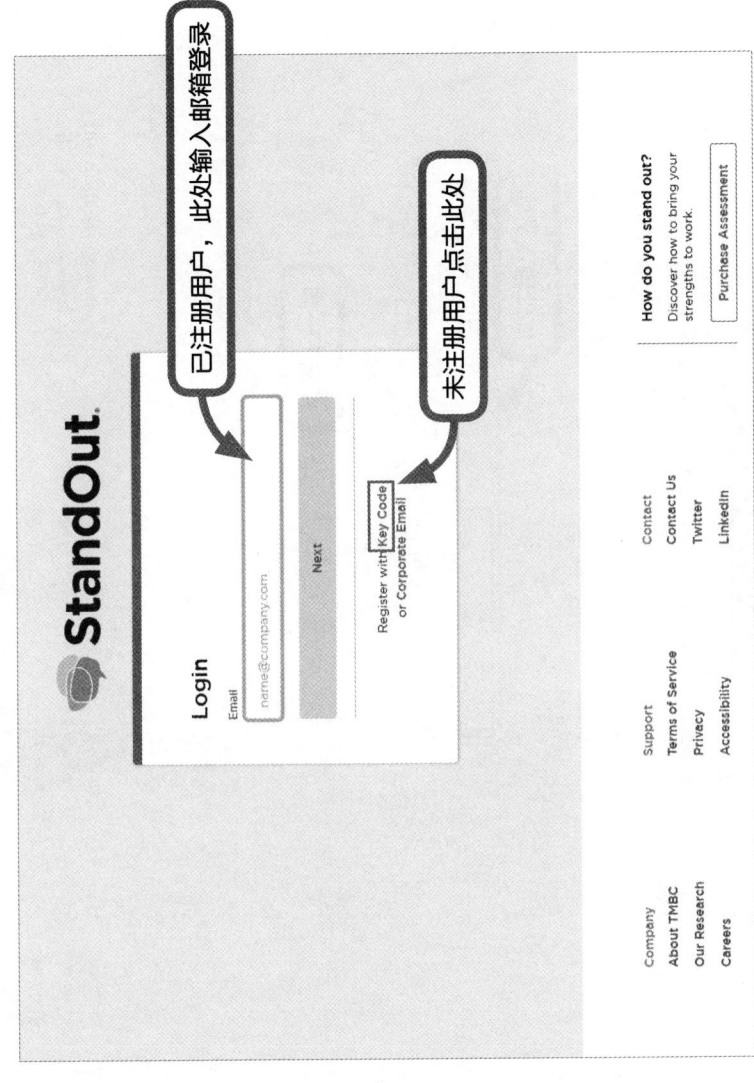

登录测试网址后的测试注册或登录页面。未注册的,点击Key Code

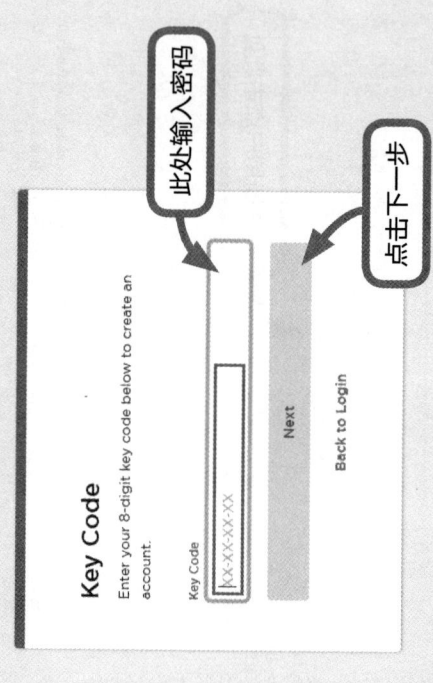

输入书前勒口折页里的测试8位密码

Create an Account

First Name

[First Name]

Last Name

[Last Name]

Email

[name@company.com] ← 有效邮箱

Password

[********]

Your password must contain:
- ○ at least 8 characters
- ○ at least 1 uppercase letter
- ○ at least 1 lowercase letter
- ○ at least 1 number or punctuation character

密码为字母和数字的八位，至少有一个大写字母

Your password must not contain:
- ○ more than 3 sequential characters
- ○ more than 3 repeating characters

Confirm Password

[********]

☐ I agree to the Terms of Service

[Create account] ← 点击创建账户

开始注册。注意邮箱是自己可接收邮件的有效邮箱。密码为字母和数字的八位，至少有一个大写字母。输密码栏下面提示有几个要求项，请认真了解后设置好密码。如果一直进行不下去，请核查密码设置是否符合要求，以及其余栏的输入是否正确。完成后，点击创建账户。

StandOut评估

确定您的比较优势。

 切断干扰大约20分钟。

 在35秒之内回答每道题。

 凭第一直觉答题：答案没有对错之分。

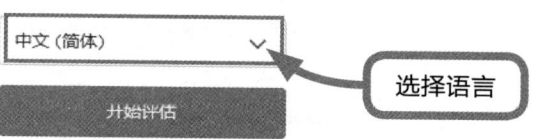

进入开始测试页面，请认真了解测试的注意事项和要求，可选择语言为简体中文。准备好后，点击开始评估，进入测试题测试页面

StandOut   mai lisi   退出

您的2大角色

开拓者

联系人

你是掌门人。你将一群人聚拢到一起（有时候令人惊讶），创造一些新的和令人兴奋的东西。当被允许做的边界是不稳定的，而且所有人都需要的是一个有说服力的例子，说明为什么他们的价值会在这个新的团队中倍增时，你最具有活力。任何初创情况都会在你身上发出最洪亮的声音——不是因为你想自己做所有的工作，而是因为你是挑选出团队中的人，并且说服所有的关键贡献者签字。这不一定就是一家新公司——你同样善于在当前组织中组建新的项目团队，因为你知道如何获取正确的技能和经验组合。无论你在哪里，你都是"第一个吃螃蟹的人"。

对团队的最大价值
你将大家齐聚在一起，创造出令人兴奋的新事物。

下载报告

下载完整报告

测试完成后，会提供您的2大角色，可下载完整测试报告

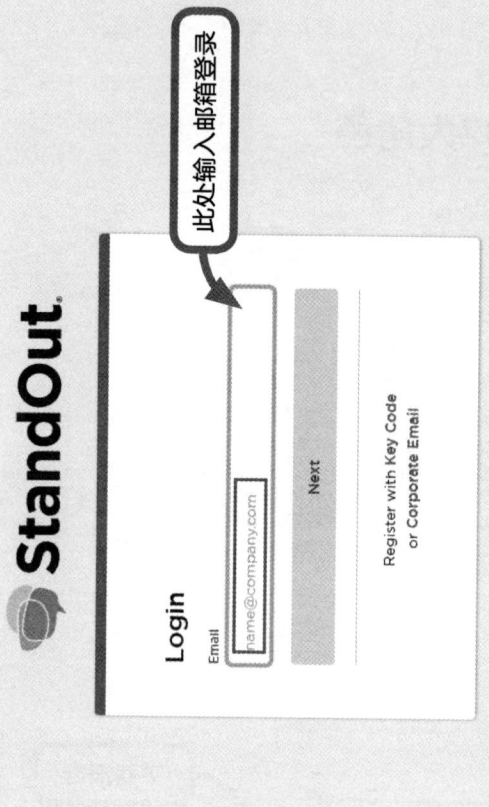

如果没有及时下载测试报告，需要再次阅读自己的测试报告，或下载，可用邮箱和所设邮箱密码登录，进入下载测试报告页面。

StandOut.
你的结果

StandOut评估衡量你如何匹配9个角色并揭示你的主要角色和次要角色。这两大角色是你所有的才能和技能的焦点。它们代表了你行事作为的本能方式。

StandOut 通过向你展示你可以采取的行动，来利用你的相对优势来帮助你加速绩效。

你最大的两个角色可能不是你如何看待自己。相反，其捕捉到你如何展现给别人。它们指出你的经常性反应和你的行为。它们是你工作状态的编辑。

此报告旨在帮助你最大化这个优势。

如何使用它

▶ 了解你的两大角色如何结合起来，揭示你的相对优势。

▶ 详细了解你的两大优势角色，以及你的完整角色排名顺序。

mu lisi
开拓者联系人

StandOut
评估
结果

测试报告首页

我喜欢做这件事

I Loved It

我喜欢做这件事

I Loved It

我**喜欢**做这件事 *I Loved It*

我**喜欢**做这件事 *I Loved It*

我喜欢做这件事

I Loved It

我喜欢做这件事

I Loved It

我**喜欢**做这件事　　*I Loved It*

我**喜欢**做这件事　　*I Loved It*

我**喜欢**做这件事

I Loved It

我**喜欢**做这件事

I Loved It

我很痛恨做这件事 *I Loathed It*

我很痛恨做这件事 *I Loathed It*

我很痛恨做这件事

I Loathed It

我很痛恨做这件事

I Loathed It

我很痛恨做这件事 I Loathed It

我很痛恨做这件事 I Loathed It